U0013573

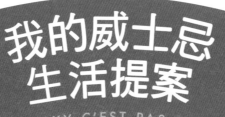

我的威士忌
生活提案

LE WHISKY C'EST PAS SORCIER

★★完整典藏版★★

米凱勒・奇多 Mickaël Guidot / 著

亞尼斯・瓦盧西克斯 Yannis Varoutsikos / 繪　謝珮琪 / 譯

suncolor
三朵文化

初入威士忌世界的酒友，
你們要的都在這了！

邱德夫
威士忌專業作家、蘇格蘭雙耳小酒杯持護者

　　多年前我在寫《威士忌學》時，常向家人講述我強烈的企圖，自吹自擂我的「威士忌六講」計畫，亦即純粹專注於威士忌的歷史、原料、原料處理、蒸餾、熟陳以及調和與裝瓶等課題。我的兒子澆我冷水，說這種書不會有人要看，應該從 ABC 開始講起，例如蘇格蘭在哪裡、全世界有哪些威士忌、如何飲用欣賞等，才能帶領讀者去認識威士忌。可惜當時的我一心一意「為往聖繼絕學，為萬世開太平」，執意獨行地寫成一本厚厚的磚頭書。出版之後，果然被朋友戲稱只適合用來蓋泡麵，或解決失眠困擾。

　　後來我時常憶起這段趣事，也在後續做 Podcast、接受訪談、講品酒會，接觸到更廣大的酒友時，發現許多我以為的基本知識，其實是阻礙一般大眾踏入威士忌世界的門檻。全臺灣喝威士忌的酒友數不勝數，但接收威士忌知識的管道並不多，即便全年各大品牌舉辦上千場品酒會，北中南各地也有受眾不同的酒展，但願意參加的酒友——我個人估計——約莫就幾千人。絕大部分酒友只聽從銷售人員的建議、朋友間閒聊時的道聽塗說，或乾脆自行想像。而常見的情形是，一旦話題帶起某些熱門酒款，不明就理的消費者就一窩蜂搶買，買氣與酒的風味本質或酒友的喜好毫不相干。

　　這一點我雖然深刻理解，但要我從頭寫起 ABC 卻十分困難，因為在過去十多年的養成教育中，許多枝微末節早已經內化為理所當然。如同我在鍵盤敲出上百萬字後，突然被要求講解注音輸入法，我可能會抓耳撓腮，一時不知所措。

　　幸好有《我的威士忌生活提案》這樣一本書，把所謂的 ABC 資訊都補足了。正如作者在第一篇「威士忌的來龍去脈」中所言：「這不是一本充滿艱深詞彙或複雜品飲評價的行家書籍」，卻可以讓讀者「找到適合自己的威士忌，搞懂酒杯裡的乾坤，甚或探索神奇的釀造過程」。哪些人喝威士忌、是誰發明了威士忌、威士忌的種類、酒精對人體的影響、如何選購威士忌、威士忌該搭配什麼食物、威士忌也有雞尾酒、威士忌的世界版圖 …… 等各式各樣細瑣的問題，都可以在書中找到相應的解答。

　　對我來說，這是一本非常可愛的小書，尤其適合對長篇文章有畏懼感的現代人，因為所有 QA 都以漫畫方式呈現，插圖傳神又精準，加上一讀就懂的淺顯語言，或許對行家來說不夠深刻，但對初入門者卻是極為友善、重要的敲門磚。只要具備這些知識，大可無所畏懼地走入品酒會場，在友儕間侃侃而談威士忌的製作與風味，不再受銷售人員如簧之舌的蠱惑，瞬間提升品飲功力。老實說，假若當年我被兒子澆冷水時有這本書在手，就可以直接打臉他：「你看，你要我寫的都在這裡了！」

探索威士忌魅力的
全新維度

蔡欣嬪
世界威士忌年度品牌大使、金車噶瑪蘭威士忌品牌大使

閱讀《我的威士忌生活提案》時有一種相見恨晚的感覺。對於初入威士忌世界的新手而言，橫亙在前的莫過於那難以親近的距離感；也許是因為威士忌偏高的酒精度、龐雜的分類定義和專業術語，讓剛開始接觸烈酒的朋友望而卻步。

然而，在作者輕鬆幽默的筆觸下，晦澀難懂的概念都變得親切有趣。本書用簡潔的圖表剖析威士忌源遠流長的歷史，以生動圖文帶領讀者走訪世界各地的蒸餾酒廠，解讀品飲威士忌的疑難雜症，手把手地傳授選購威士忌、佐餐調酒和威士忌入菜的實用技巧，最後以宏觀視角為讀者開展威士忌世界的延伸與未來。作者在帶領讀者探索威士忌的製程工藝時，也讓我們知道如何盡情享受、深度品鑑手中這一杯威士忌的香氣、風味和雅韻。

這是一本新手能夠快速入門，行家可以複習、拓展已知的威士忌專書，既貼合生活所需，又以饒富趣味的冷知識帶來新鮮感受。書中穿插威士忌產業發展進程中的人物速寫，讓歷史故事與製程工藝增添了人的溫度，也讓我們得以從不同維度重新認識威士忌，可說是篇篇精彩、毫無冷場，絕對是一本令人玩味再三又捨不得闔上的威士忌圖鑑。

現在就打開書扉，一起透過《我的威士忌生活提案》發掘威士忌與微醺生活的魅力吧！

行家可以補足基礎知識，
新手也能輕易上手的輕鬆好書！

滷蛋
「滷蛋愛評酒」粉專／ YouTube 創辦人

目　錄

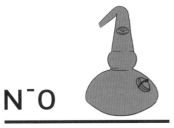

G

獻給我的爺爺喬治，感謝他引領我進入
威士忌的世界。

N⁻O1

威士忌的來龍去脈

威士忌，是菁英的尊榮獨享？還是少數行家才有資格品評的烈酒？事實上，我們每個人跟威士忌多少都有些交情，不論是業餘愛好或單純好奇心使然，而我們往往只是缺少一位良師或是一些小訣竅，來幫助我們進一步解讀對威士忌的各種感受。

很幸運地，我很年輕的時候就在爺爺家嚐過開胃酒，開始接觸酒類的世界。我的爺爺喬治花了很多時間帶著我慢慢品嚐，了解酒精的奧妙。我也因而領悟釀造絕世美酒的兩個關鍵：一是產自大地之母的優質原料，二是為了精益求精而頑強不懈的人力作業。

幾年之後，我設立了 ForGeorges.com 品酒網站。我對於浮誇的高談闊論沒有太大興趣，只想引領更多人進入威士忌精采絕倫的小宇宙。

這不是一本充滿艱深詞彙或複雜品飲評價的行家書籍，但若你想找到適合自己的威士忌，搞懂酒杯裡的乾坤，甚或探索神奇的釀造過程，請讓我做你的嚮導，一同展開這神奇的尋香之旅。

哪些人喝威士忌？

喝威士忌的人一定超過五十歲，事業有成或光榮退休，閒暇玩高爾夫球，
車庫裡停著名車，或是穿著蘇格蘭短裙嗎？

拋開電影或小說所灌輸的這些陳腔濫調吧，二十一世紀的威士忌消費族群比你想像的更加多元。

很多人（可能包括你在內）都曾與威士忌有過不愉快的經驗，請不要就這樣放棄了。喬治爺爺會很篤定地告訴你：「你不可能不愛威士忌，你只是還沒發現與你天造地設的威士忌。」這個世界上藏有太多威士忌，一定會有一款與你天生一對、讓你恨不得與它終生長相廝守的佳釀。至於認為自己已經遇見「真命威士忌」的人，持續探索吧！你很可能會邂逅另一款相見恨晚的威士忌。

知性文青

這個族群一向能左右蒸餾烈酒的潮流。威士忌被他們抵制了很長一段時間之後，終於再度席捲世界各個角落。從東京到巴黎，一直到紐約布魯克林的酒吧，都能發現他們與威士忌相伴的身影。他們會樂於追求帶些泥煤味，來自微型蒸餾廠或較低知名度產區的威士忌。

窈窕淑女

威士忌是男性專屬飲料嗎？這個刻板成見並不影響淑女對威士忌的熱情。全世界威士忌消費人口有百分之三十是喜愛雞尾酒的女士，比起渾厚烈實的口感，她們更偏好淡雅、溫醇、帶有花香的威士忌。

 獻給女性的威士忌

某些威士忌品牌洞燭先機，觀察到女士們與威士忌之間的魅惑情愫，紛紛投其所好，開始研發適合女性的產品。但我們不會說這類威士忌是「女人的威士忌」，而是用更確切的「果香」、「淡雅」等字彙來描述它的特性。

葡萄酒愛好者

　　威士忌與葡萄酒的釀造哲學異曲同工，都需要時光的淬鍊，這兩種酒類的釀酒師地位更是同等重要。若誇張一點比喻，單一麥芽威士忌就像使用單一黑皮諾葡萄釀製的勃根地紅酒，而調和式威士忌就是以不同葡萄品種混釀的波爾多紅酒。製作威士忌必不能缺少上好的木桶，許多威士忌蒸餾廠常使用來自法國知名葡萄酒莊的木桶，幫威士忌完成最後一道風味桶熟成的步驟。由此可證，威士忌與葡萄酒彼此之間的藩籬可說是相當寬鬆。

美食老饕

　　從前，威士忌無法登大雅之堂，只能做為開胃酒或消化酒，在筵席上跑跑龍套。現在它搖身一變，在餐桌上、料理間引領風騷，不論是與佳餚融為一體，或是篡葡萄酒之位成為佐餐酒，威士忌都能讓料理呈現別出心裁的風味，令人驚豔。頂尖大廚更擅長用威士忌替自己的拿手菜畫龍點睛。

雞尾酒愛好者

　　最保守的威士忌愛好者將會大吃一驚，因為威士忌調酒的熱潮又捲土重來了。大家對電視影集《廣告狂人》的男主角和他的古典雞尾酒一定不陌生。但拜託大家行行好，忘記威士忌加可樂這種東西，那根本算不上調酒！

威士忌的種類

威士忌種類繁多，根據地理位置與使用的穀物成分而有不同的名稱，
貌似複雜的命名讓人誤以為只有行家菁英才配享用威士忌。
這裡介紹三種基礎分類，讓你對這些常見名詞有些概念。千萬別再誤會囉！

蘇格蘭、日本、法國

或

愛爾蘭、美國

WHISKY 還是 WHISKEY？

　　你一定有看過 whiskey 這個字，是因為拼字錯誤造成積非成是嗎？當然不是！如果在蘇格蘭、日本、法國或其他地方使用 whisky 這個拼法，那麼來自愛爾蘭或美國的威士忌就必須拼成 whiskey。為什麼？讓歷史來解答。十九世紀的蘇格蘭威士忌品質良莠不齊，有些甚至可以用災難來形容。愛爾蘭威士忌為了與蘇格蘭威士忌劃清界線，擠盡腦汁想出的方法，就是將出口到美國的威士忌名稱上多加一個「e」。從此 whiskey 這個字就成為愛爾蘭和美國威士忌的專屬名詞。請注意，千萬別跟蘇格蘭人說他釀造的是 whiskey，不然他會立刻請你滾出去……

玉米
小麥
大麥

單一蒸餾廠

40 %
單一麥芽
威士忌

60%
穀物
威士忌

單一麥芽威士忌
SINGLE MALT

　　出自單一蒸餾廠，自古以來被視為蘇格蘭高地威士忌的經典代表。單一麥芽威士忌的原料只有經過發麥程序的大麥，使用傳統壺型蒸餾器蒸餾。如果是混和了多家蒸餾廠的單一麥芽威士忌（不包含穀物威士忌），則稱為調和麥芽威士忌（blended malt whisky）。

穀物威士忌
GRAIN WHISKY

　　以連續蒸餾法萃取玉米、小麥及大麥（不一定經過發麥程序），主要是為了做成調和式威士忌，很少單獨裝瓶出售。市面上還是能找到零星幾款標榜「穀物威士忌」的品牌，雖然一向被認為風味遠遜於單一麥芽威士忌，仍有幾款遺珠佳釀。

調和式威士忌
BLEND WHISKY

　　最普遍的威士忌種類，百分之九十的蘇格蘭威士忌屬於此款，例如世界知名的約翰走路（Johnny Walker）、起瓦士（Chivas）和百齡罈（Balllen-tine's）。特色是比較清淡、價錢沒那麼貴（但也有頂級奢侈品），風味如交響樂般和諧，因此比單一麥芽威士忌更適合做為入門款。

 有打遍天下無敵手的威士忌嗎？

單一麥芽威士忌常被瘋狂粉絲視為威士忌界的勞斯萊斯。確實很多人認為它足以打敗其他威士忌，然而眾多專家實際盲飲品酒後，都對這種說法嗤之以鼻。總而言之，世界上並沒有戰無不勝的威士忌，只能說不同的威士忌風味各有千秋。

是誰發明了威士忌 ？

愛爾蘭人與蘇格蘭人對於威士忌的辯論，比英法百年戰爭歷時更悠久。
究竟誰才是始祖 ？讓我們穿梭真相與傳說，細探來龍去脈。

愛爾蘭 VS 蘇格蘭

	愛爾蘭	蘇格蘭
姓名：	愛爾蘭	蘇格蘭
面積：	84,421 平方公里	78,772 平方公里
人口：	6,300 萬	5,300 萬
氣候：	海洋型	溫和海洋型
英式橄欖球隊徽：	愛爾蘭酢漿草	薊花
六國錦標賽大滿貫次數：	2	3
隊歌：	愛爾蘭的徵召與戰士之歌（主場專用）	蘇格蘭之花

看起來很像六國錦標賽對決，不過這場激辯的主題更嚴肅：
究竟是誰發明了威士忌 ？

生命之水

威士忌這個字在蘇格蘭蓋爾語（Uisge beatha）和愛爾蘭語（uisce beatha）中，皆有「生命之水」的意思。這個帶著點樂觀主義的字彙是修道士的神來之筆。他們在做實驗時發現將人體浸泡在烈酒中，可以保存得更久，所以這類烈酒後來被當成藥物大量使用。至於味道嚐起來則像是蜂蜜與草藥的混和液體，跟我們現在熟悉的威士忌大相逕庭。

西元 1400 年，有一位愛爾蘭族長因為喝了太多生命之水而一命嗚呼，使得此水被汙名化，甚至被唾棄為死亡之水。

聖派翠克的傳說

　　目前沒有任何書面記載可以證實威士忌是愛爾蘭的主保聖人派翠克所發明，不過愛爾蘭人對此深信不疑。聖派崔克就是赫赫有名的聖派翠克節（一個通常會喝太多的節日）的主角。西元五世紀時，歐洲遭蠻族入侵，當時知識文明的守護者，也就是天主教修士們紛紛至愛爾蘭避難。這一波移民潮不僅讓各地的修士彼此分享研究，更發明了蒸餾法，「生命之水」於焉誕生。

　　蘇格蘭人對這項傳說並無異議，不過他們會強調聖派崔克的原籍是蘇格蘭。

0 - 0
球在中線

英格蘭加入戰局

第三位競爭者加入比賽。英格蘭在十二世紀入侵愛爾蘭時，國王亨利二世發現士兵都「沉醉」於一種當地飲料，就是鼎鼎大名的生命之水（uisce beatha）。然而唯一的問題是此段傳說並無白紙黑字可證明真偽。

艾雷島重擊得分

西元 1300 年，家境富裕且深深著迷於科學與醫學的麥克‧貝沙（Mac Beatha）家族移居至蘇格蘭的艾雷島。當蘇格蘭國王詹姆斯四世向艾雷島貴族宣戰，發現了島上的生命之水（Uisge beatha），由此推論貝沙很可能是威士忌的發明者。這個傳說鞏固了艾雷島在威士忌領域不可動搖的地位。

1 - 0
愛爾蘭領先

1 - 1
蘇格蘭追平比數

首次書面紀錄

十五世紀，在愛爾蘭奧索里（Ossory）教區主教的紅寶書中，不僅記錄了聖歌與行政文件，還有生命之水的配方！這是史上第一份記載了當時蒸餾技術的書面文字，只不過是以葡萄酒為基底的配方。

蘇格蘭拒坐冷板凳

在西元 1494 年的蘇格蘭國家財政檔案中，發現了有關生命之水的文字紀錄。當時的國王命令一位本篤會的修士利用麥芽釀製生命之水（aqua vitae），可以說是現代威士忌的雛形。

2 - 1
愛爾蘭領先

2 - 2
平手

英格蘭再度參戰

西元 1736 年，一位英格蘭船長在書信中寫下「usky」（演變成後來的 whisky），與「usky 是蘇格蘭的榮耀」這句諺語不謀而合，使蘇格蘭是威士忌發源地的說法更添可信度。

決賽獎盃落誰家？

這件事是不可能有定論的，連喬治爺爺也不知道。事實上，任何人都無法證實。這就像支持運動比賽：選一個讓你心動的傳說，然後至死不渝地相信它。另一個辦法就是對蘇格蘭人說「你們發明了威士忌」，然後對愛爾蘭人也這樣說。如此一來，在品飲威士忌的時候，你一定知己滿天下。

威士忌熱潮延燒全球

提到威士忌就會想到蘇格蘭，甚至在酒吧也常聽人頑強地說「來杯 scotch」，而不是「來杯威士忌」。
然而威士忌的版圖正在全面改寫，請繫好安全帶，我們將搭乘特快車，來趟威士忌世界巡禮。

美國與加拿大

他們有一望無際的荒原、高聳的摩天大樓、傳奇的西部牛仔，還有……威士忌蒸餾廠！擁有波本威士忌、裸麥威士忌和許多微型蒸餾廠出產的威士忌，美國的烈酒市場不僅歷史深遠，發展至今依舊生氣蓬勃。

愛爾蘭

迷人的岩岸風情，彷彿電影中才會出現的自然風景。愛爾蘭除了有老饕喜愛的啤酒，還有稱霸全球市場的威士忌，十九世紀出口至美國的威士忌銷售量尤其驚人。這一枝獨秀的榮耀是否已成明日黃花？話可別說太快喔！

蘇格蘭

蘇格蘭不只以短裙跟羊群聞名，還有全世界分布密度最高的單一麥芽威士忌蒸餾廠，至少有一百座以上！知名產區包括斯佩河畔、高地區、低地區、艾雷島、坎培爾鎮和島嶼區（參見第 158-159 頁）。

所有國家都能生產威士忌

威士忌是由發麥或未發麥的穀物蒸餾出來的烈酒,因此不受地理條件的限制。假設你突然心血來潮,在自家花園蓋一座小蒸餾廠,也能自己生產威士忌。甚至澳洲的塔斯馬尼亞島也有非常棒的威士忌喔!

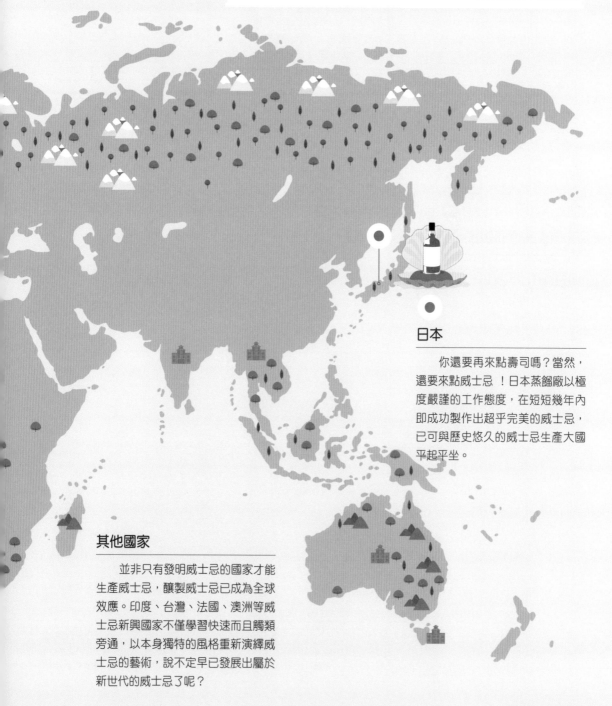

日本

你還要再來點壽司嗎?當然,還要來點威士忌!日本蒸餾廠以極度嚴謹的工作態度,在短短幾年內即成功製作出超乎完美的威士忌,已可與歷史悠久的威士忌生產大國平起平坐。

其他國家

並非只有發明威士忌的國家才能生產威士忌,釀製威士忌已成為全球效應。印度、台灣、法國、澳洲等威士忌新興國家不僅學習快速而且觸類旁通,以本身獨特的風格重新演繹威士忌的藝術,說不定早已發展出屬於新世代的威士忌了呢?

威士忌大事紀

威士忌的歷史相當繁複，有太多事件同時在世界不同的角落發生，各事件往往也沒有直接關聯。
以下僅介紹幾則代表性事件。

◀ 西元五至十五世紀
蒸餾技術與生命之
水的出現。

1608
波西米爾（Bushmills）蒸餾廠
取得蒸餾烈酒許可。

1500　1600　1700　1750

1494
蘇格蘭首次出現關於生命
之水的文字記載。

1644
蘇格蘭首次徵
收酒稅。

1724
愛丁堡與格拉斯
哥 抽取「麥芽
稅」，引起激烈
罷工潮。

1759
詩人羅伯特·伯恩
斯（Burns）誕生，
其作品與對威士忌
的熱愛流芳古今。

1784
蘇格蘭定立酒汁稅（wash
act），並劃分高地區與
低地區的課稅標準；高地
區依照蒸餾器徵稅，因此
稅金較低。

1505
只有愛丁堡的「理髮師兼外科醫
師」才能合法釀製生命之水。

1781
法令禁止私釀酒。

1783
波本威士忌的先驅伊
凡· 威 廉 斯（Evan
Williams）在美國肯
塔基州建立蒸餾廠。

1791
美國聯邦政府頒布威士忌
消費稅的徵收法令，
民開始違法私釀威士忌
（moonshine whisky）

1794
美國總統喬治·華盛頓派遣一萬兩千五百多名警力至賓州，鎮壓威士忌消費稅的抗議活動。

1671
加拿大魁北克出現
第一個蒸餾器。

1755
威士忌這個字正式收錄
於詹森字典（Samuel
Johnson）。

1736
威士忌（whisky）
這個字正式出現。

日本

1872
蘇格蘭威士忌首次登陸日本領土。

1853
美國海軍將領馬修·培理登陸東京港，船上載有波本威士忌。

1923
山崎（Yamazaki）在日本建立首家威士忌蒸餾廠。

1918
竹鶴政孝至蘇格蘭取經，學習釀造威士忌。

愛爾蘭

1831
埃尼斯·科菲（Aeneas Coffey）將柱式蒸餾器改良成現在常見的連續式蒸餾器，並取得專利權。

1826
愛爾蘭人羅伯特·斯坦（Robert Stein）取得柱式蒸餾器的專利，但當地人不信任這種蒸餾器，反而大受蘇格蘭人歡迎。

1980
愛爾蘭威士忌法案（Irish Whiskey Act）通過。

1966
愛爾蘭製酒公司（Irish Distillers Ltd.）成立，旗下包括當時愛爾蘭所有蒸餾廠。

1800 ▲▼ 1850 ▲▼ 1900 ▲▼ 1950 ▲▼ 2000 ▲▼

蘇格蘭

1823
重新制定消費稅，鼓勵蒸餾廠申報，期望能防堵私釀威士忌。

1820
約翰走路品牌草創。

1843
起瓦士成為維多利亞皇后的御用威士忌供應商。

1909
皇室授權單一麥芽威士忌與調和式威士忌可以使用 whisky 來命名。

1933
立法明定蘇格蘭威士忌的釀製程序。

1915
法律強制規定威士忌必須窖藏兩年；1916 年改為三年。

1960
蘇格蘭威士忌協會（Scotch Whisky Association）成立。

美國

1820
開始使用木炭過濾威士忌。

1798
美國肯塔基州已有超過兩百座蒸餾廠。

1920
禁酒時期開始。

1964
美國國會正式認可波本威士忌為美國特有產品。

世界其他地方

1841
雜貨店會用舊的葡萄酒瓶來分裝威士忌。

1887
阿夫雷德·巴納（Alfred Barnard）出版第一本介紹英國蒸餾廠的專門書籍。

1863
法國絕大多數葡萄園被根瘤蚜蟲摧毀。

威士忌的神祕象徵：蒸餾器

蒸餾器是個神奇、古怪又迷人的容器，
也是釀製威士忌不可或缺的工具，不可不認識！

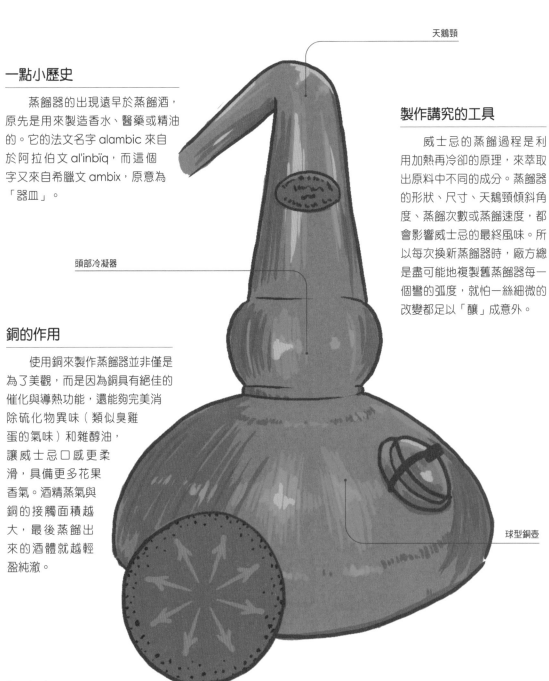

天鵝頸

一點小歷史

蒸餾器的出現遠早於蒸餾酒，原先是用來製造香水、醫藥或精油的。它的法文名字 alambic 來自於阿拉伯文 al'inbïq，而這個字又來自希臘文 ambix，原意為「器皿」。

頭部冷凝器

銅的作用

使用銅來製作蒸餾器並非僅是為了美觀，而是因為銅具有絕佳的催化與導熱功能，還能夠完美消除硫化物異味（類似臭雞蛋的氣味）和雜醇油，讓威士忌口感更柔滑，具備更多花果香氣。酒精蒸氣與銅的接觸面積越大，最後蒸餾出來的酒體就越輕盈純澈。

製作講究的工具

威士忌的蒸餾過程是利用加熱再冷卻的原理，來萃取出原料中不同的成分。蒸餾器的形狀、尺寸、天鵝頸傾斜角度、蒸餾次數或蒸餾速度，都會影響威士忌的最終風味。所以每次換新蒸餾器時，廠方總是盡可能地複製舊蒸餾器每一個彎的弧度，就怕一絲細微的改變都足以「釀」成意外。

球型銅壺

形狀大同小異的蒸餾器

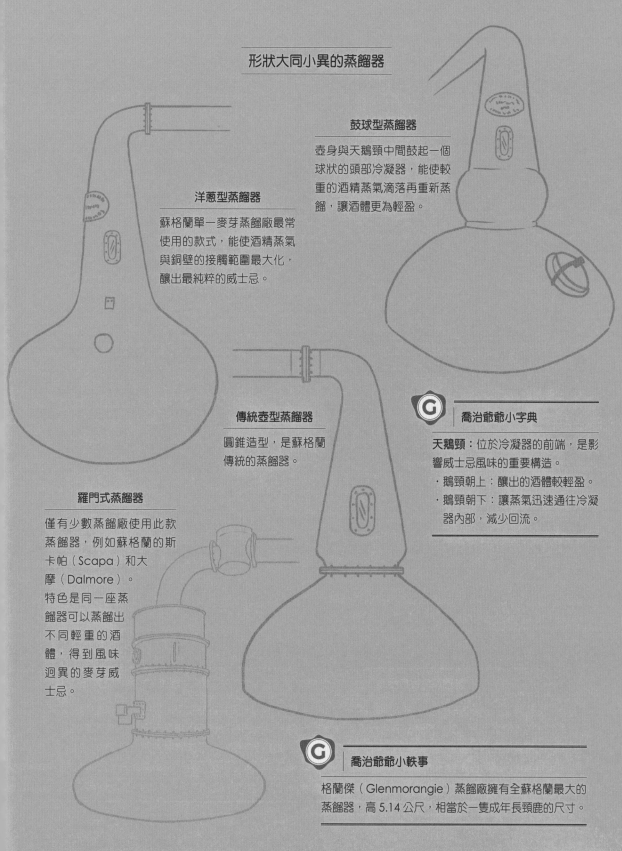

鼓球型蒸餾器

壺身與天鵝頸中間鼓起一個球狀的頭部冷凝器，能使較重的酒精蒸氣滴落再重新蒸餾，讓酒體更為輕盈。

洋蔥型蒸餾器

蘇格蘭單一麥芽蒸餾廠最常使用的款式，能使酒精蒸氣與銅壁的接觸範圍最大化，釀出最純粹的威士忌。

傳統壺型蒸餾器

圓錐造型，是蘇格蘭傳統的蒸餾器。

喬治爺爺小字典

天鵝頸：位於冷凝器的前端，是影響威士忌風味的重要構造。
- 鵝頸朝上：釀出的酒體較輕盈。
- 鵝頸朝下：讓蒸氣迅速通往冷凝器內部，減少回流。

羅門式蒸餾器

僅有少數蒸餾廠使用此款蒸餾器，例如蘇格蘭的斯卡帕（Scapa）和大摩（Dalmore）。特色是同一座蒸餾器可以蒸餾出不同輕重的酒體，得到風味迥異的麥芽威士忌。

喬治爺爺小軼事

格蘭傑（Glenmorangie）蒸餾廠擁有全蘇格蘭最大的蒸餾器，高 5.14 公尺，相當於一隻成年長頸鹿的尺寸。

N˜1

探索威士忌蒸餾廠

蒸餾廠是威士忌釀製過程的核心，知名品牌的大蒸餾廠會是巨大的機械化工廠嗎？才不是呢，很多蒸餾廠到現在仍舊憑藉著人們的肉眼與雙手，釀製出全世界最美味的威士忌。換上你的健走鞋，我們實地去參觀一下吧！

威士忌的原料

有些蒸餾廠信誓旦旦，聲稱是他們的精選水質讓威士忌呈現絕世芬芳，有些則認定大麥的品質才是關鍵。
要想確切了解原料對威士忌的最終風味造成什麼樣的影響，是極為困難的一件事。
然而一帖好配方與優質原料激盪出的複雜變化，毫無疑問地，可比煉金術般創造出獨一無二的成果。

穀物

在威士忌製造過程中，最昂貴的其一步驟是購買穀物並浸泡使之發芽。

對單一麥芽威士忌來說，挑選大麥是成功的基石。有些蒸餾廠會親自挑選大麥，但大多數的人還是會將發麥的重要任務交付給發麥廠；後者則會秉承精確的標準程序讓大麥發芽，以獲得年復一年相同品質的麥芽。

此外，別以為大麥都產自蘇格蘭，其實大部分是來自英格蘭或南非……

| 大麥 | 玉米 | 燕麥 | 小麥 | 蕎麥 |

大麥並非釀製威士忌的唯一原料，也可以用玉米（波本威士忌）、黑麥（裸麥威士忌）、小麥、蕎麥或燕麥。然而大麥仍是眾所公認的首選，因為它能為威士忌提供最渾厚豐富的香氣。

劣質大麥＝劣質威士忌

用於製作威士忌的大麥均經過嚴格的選種，若發現含有過多蛋白質就會拿去餵牲口，若出現霉味則棄之不用，因為發霉的部分很可能會讓威士忌散發出不討喜的氣味。

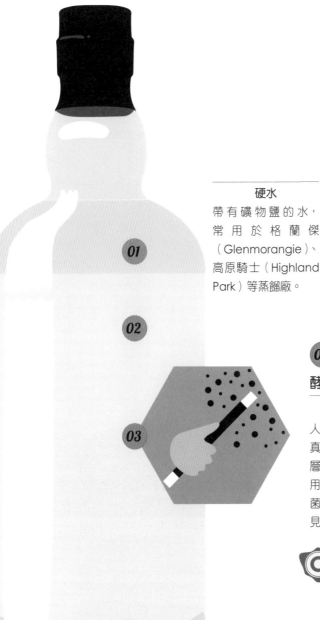

02

水質

「水是威士忌最好的朋友」，而且蘇格蘭人堅信，水的品質純淨與否對頂級威士忌來說至關重要。不過在這裡必須再次重申，即使一般認為水對於威士忌整體風味的影響僅低於百分之五，你仍舊難以斷言兩者之間的關係。威士忌釀製過程中需要用到的水量多到令人難以置信，發麥、蒸餾和裝瓶等都需要用到水。

硬水

帶有礦物鹽的水，常用於格蘭傑（Glenmorangie）、高原騎士（Highland Park）等蒸餾廠。

結晶純水

指的是滴落在結晶岩上，還來不及滲入地層的水。這種水保留了自然甘美及少許酸度，在蘇格蘭最為常見，也為當地純淨水質增添了傳奇色彩。

泥煤水

通常汲取自海灣地區，富含泥煤成分，顏色因而呈現淺黃甚至褐色，常用於樂加維林（Lagavulin）、波摩（Bowmore）等威士忌類型。

03

酵母

酵母是每個蒸餾廠的獨門仙丹，沒人會願意向外人分享他們的祕方。而這些祕方說穿了就是各種的……真菌！酵母菌的任務是賦予威士忌更廣泛、豐富的香味層次，每個蒸餾廠都會精心調製獨家配方，有的只會使用一種酵母菌，有些則會用到七種。不過別擔心，酵母菌到最後都會消失殆盡，功成身退後只留下果味芳香，見證蒸餾廠的深厚功力。

釀造一瓶威士忌的配方？

據估計，生產一瓶單一麥芽威士忌大約需要 10 公升的水和 1.4 公斤的大麥。由此可見尋求極佳水質與充沛水量的重要性。

探索威士忌蒸餾廠　23

釀製威士忌的七個步驟

釀造威士忌只需要三種原料：大麥（或另一種穀物）、酵母與水。
接下來一連串的步驟能否精湛執行，將決定威士忌的品質。

01

發麥

　　大麥收成之後，發麥就是釀製威士忌的第一個重要步驟。但很少有蒸餾廠會自行發麥，而是寧願將這項任務交付給專業的發麥廠。發麥的目的是從浸泡到烘乾的四道工序中萃取澱粉，而麥芽是否具備泥煤風味則取決於烘乾方式。

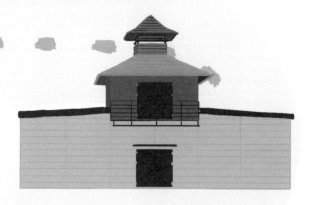

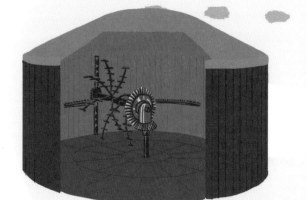

02

糖化

　　這個步驟是將麥芽磨成碎麥芽，再將粉末與熱水一起放入巨大的糖化槽中，攪拌成為濃稠的粉漿。這個步驟全靠熱水萃取出下一步所需的麥芽糖成分。

03

發酵

　　將酵母菌加入含糖分的麥芽汁攪拌，再移入發酵槽中。當酵母菌大啖糖分會發生什麼事呢？當然是產生酒精（也會產生二氧化碳）！發酵過程會持續四十八至七十二小時，發酵完成後就會得到類似酸啤酒的「酒汁」（wash）。

04
蒸餾

現在要進行的事情可嚴肅了：製造高強度酒精！將酒汁放入蒸餾器（連續蒸餾或傳統單式蒸餾）煮至沸騰，酒精會變成蒸氣釋出，再迅速被冷凝為液體。這道工序會重複至少兩次或三次，然後便可取得蒸餾酒液。

05
入桶

蒸餾酒液被填入木桶之前，會先加水將酒精濃度稀釋到大約 64%，這是進行熟成的最佳百分比。在這個步驟中，木桶的挑選與其他的變因（木頭的種類、是否為第一次裝填的新桶……）對威士忌的前途具有決定性的影響。

06
窖藏陳年

這是施展魔法的步驟。蒸餾酒液在安全舒適的酒窖裡與木桶親密接觸，一點一滴轉化成為威士忌。熟成過程的長短、氣候條件以及地理位置（靠近海岸與否）等因素，將組成一個極為複雜的方程式，而威士忌的最終風味就決定在這一關。

蒸餾酒液至少要熟成三年以上，才有資格被稱為威士忌。在基本的裝桶熟成結束後，可再換裝入不同類型的木桶，讓威士忌在裝瓶前能吸收更多香氣。

至少
三年

07
裝瓶

除非特例（例如瓶身標註「原桶強度」的威士忌），一般威士忌在裝瓶前會加最後一次水，將酒精濃度降至 40-46%。威士忌加水前一定會先過濾，除去雜質。然而冷凝過濾法的缺點是會抹殺威士忌的部分香味。

裝瓶需要高度技巧，通常會在蒸餾廠外進行，只有極少數例外，像是蘇格蘭的格蘭菲迪（Glenfiddich）或布萊迪（Bruichladdich）蒸餾廠。

威士忌裡的風土滋味

你購買的威士忌，無論是來自蘇格蘭、日本或是愛爾蘭的釀酒廠，
原料往往並非出自這些威士忌生產國。
一群有志之士覺察到這個問題，借助科學之力對此進行深入研究。

風土到底是什麼？

風土是一個非常「法式」的概念，與葡萄栽培業的發展與日俱進。同樣的葡萄品種，在不同地方生長，釀出來的
葡萄酒就有不同風味。而酒農的專業技術對於葡萄酒的多樣性也會發揮一定影響力。風土代表的是大自然、葡萄
樹和釀酒師的做法這三者之間互動的成果。對於威士忌來說，風土集結了土地的作用，以及用來釀製威士忌的穀
物栽培方式。

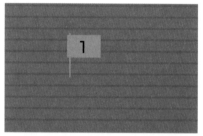

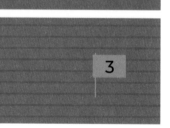

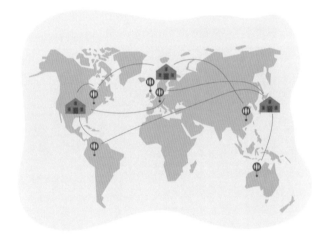

風土的歷史淵源

葡萄酒風土的界線劃定，是人們觀察葡萄樹長達
幾個世紀後的成果。風土早在古代就已略有述及，後
來本篤會（bénédictins）和熙篤會（cisterciens）
修士們在勃根地的金丘（Côte d'Or）耕種葡萄，將
近一千年的時間裡，他們得以大規模測定該地生產的
葡萄酒如何受到不同土壤的影響。他們開始圈選不同
地塊，建築石牆作為分界，形成封閉式的葡萄園，稱
為「clos」，並將這些地塊按照品質分級。不過，有
別於與一般大眾的猜想，修士們確立風土的方式並不
是品嘗土壤，而是仰賴他們的品酒技巧。

來自其他地方的穀物

如果你曾注意威士忌品牌的宣傳文案，可能會看
到各種提升產品價值的形容詞，諸如蒸餾器的形狀、
水的純度、釀酒大師的專業知識或在特殊酒桶中陳年
的佳釀，但幾乎沒有人提及所使用的穀物。這是為什
麼呢？因為穀物通常來自威士忌生產國以外的地方：
烏克蘭、紐西蘭、法國等。例如，蘇格蘭自十九世紀
末以來，麥芽就從未達到自給自足的境界。另外，我
們要留意那些聲稱在當地種植大麥的釀酒廠。通常只
有少部分大麥會產自當地，而這種情況下的大麥往往
會被保留給特定的威士忌典藏版。

當科學成為風土救星

長久以來,業界人士往往認為威士忌的風味主要來自蒸餾和陳年技術,因此不大重視穀物的種植學問。威士忌風土計畫(Whisky Terroir Project)的誕生完全改寫了這個局面。這項計畫來自《Foods》科學期刊上發表的學術研究,不僅匯集了來自美國、蘇格蘭、希臘、比利時和愛爾蘭的國際學術團隊,還有知名威士忌品牌:沃特福(Waterford)。

這項研究的目的是什麼呢?他們想探討 2017 年和 2018 年在不同農場種植的兩種大麥 ——Olympus 及 Laureate——釀成烈酒後所產生的差異。

研究結果顯示,經過眾多測試,分離出超過四十二種不同的芳香化合物,其中一半直接受到大麥風土的影響。

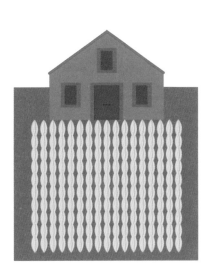

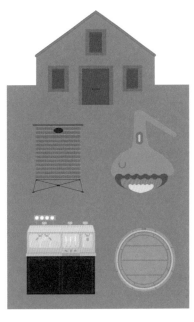

農場式蒸餾廠

為了盡可能掌握大麥這種原料,某些蒸餾廠決定轉型為「農場式蒸餾廠」。這表示蒸餾廠能從種植大麥的那一刻開始,控制整個威士忌的生產過程。其中一個「農場式蒸餾廠」位於法國洛林省,名為羅茲略爾(Rozelieures)。

風土與產地

我們可能會與一些強調產地的威士忌品牌不期而遇。這些產地當然與地區有關(例如斯佩河畔產區),但比較偏向地理上的區域性,而不是風土概念。威士忌產區本身過於廣泛,且單一產區內的所有品牌並非全都生產相同的威士忌,也不會使用同樣的原料。

「社交風土」(terroir social)

風土與所使用的酵母或陳釀過程的重要性平分秋色,都能讓威士忌更添特色,但另外還有一項不容忽略的概念——「社交風土」,也就是威士忌釀製者的影響。生產者最終想創造怎樣的威士忌,以及在釀製過程的每個階段所做的決定,都會對之後我們所品嚐的威士忌產生舉足輕重的影響。

威士忌的泥煤味

喜愛威士忌的人一定都聽說過它的「泥煤味」，這到底是怎麼來的呢？

什麼是泥煤？

泥煤其實就是有機的腐植質。青草、苔蘚和其他植物，在特別涼爽潮濕的氣候眷顧之下，經過幾千年的時間慢慢轉化成泥煤。

哪裡有泥煤？

這項天然資源藏在地底的泥煤層中，散布於寒帶、亞寒帶、溫帶及熱帶氣候區域。此外，在法國的佛日山脈跟庇里牛斯山脈也都有泥煤層。泥煤跟石油一樣，必須往地底挖掘才能取得，有些泥煤層甚至已經歷一萬年以上的歲月。

如何挖掘泥煤？

現在大部分都是利用機器開採，下圖則是三種傳統的挖掘工具。挖出來的泥煤塊會放在室外曝曬，使其乾燥。

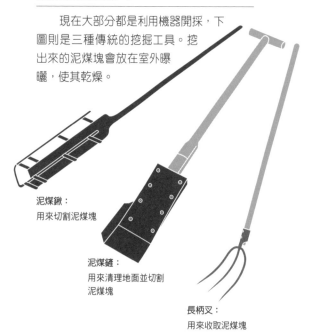

泥煤鍬：
用來切割泥煤塊

泥煤鏟：
用來清理地面並切割泥煤塊

長柄叉：
用來收取泥煤塊

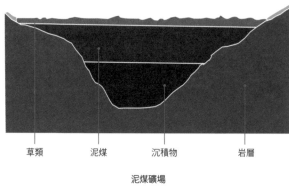

草類　　泥煤　　沉積物　　岩層

泥煤礦場

泥煤味是如何進入威士忌的？

絕對不是像某些人所想像的那樣，直接將泥煤浸泡在威士忌中，當然也不是塗抹在酒桶表面，而是在發麥的最後一道烘烤手續才會用到泥煤。燃燒泥煤時會產生氣味濃厚的大量煙霧，用來燻烘穀物，讓穀物能緩慢的乾燥，並有足夠的時間吸收泥煤的氣味。

泥煤長久以來被當作燃料，因此多數威士忌都帶有淡淡泥煤香氣。想要釀製不帶泥煤味的威士忌，只要以煤炭等其他燃料取代泥煤即可。

泥煤威士忌喝起來並不真的是泥煤的氣味，有的人覺得像藥水味、灰燼味、甘草味、煙囪的火燒味或是燻魚的氣味。

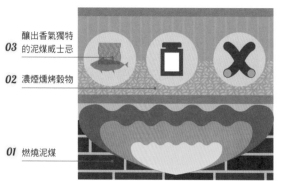

釀出香氣獨特的泥煤威士忌
03

02 濃煙燻烤穀物

01 燃燒泥煤

奧特摩 6.3 版
（Octomore 6.3）：
258 PPM

雅柏太空陳釀
（Aedbeg upernove）：
100 PPM

超過 30 PPM 即屬於重
泥煤味威士忌。
雅柏（Aedbeg）：
50 PPM

中度泥煤味威士忌，
介於 15-30 PPM。

泥煤味低於 3 PPM，
一般人難以察覺，不
能算是泥煤威士忌。

泥煤的濃度等級

要測量威士忌的泥煤含量多寡，通常會以 PPM（百萬分之一）為單位來計算其酚類化合物（香味化合物）的含量。

氛類分子

如何知道有多少 PPM？

標上並不會標註 PPM，除非你有一間實驗室，否則很難知道威士忌確切的泥煤含量。一言以蔽之，最佳判定的方式就是親口品嚐。因為標註 45 PPM 的威士忌，其泥煤風味嚐起來可能還不如 35 PPM 的威士忌，再次證明口味屬於個人認知問題。

 瀕臨滅絕的產物

泥煤每年僅能增加一公厘的厚度，但是在人們大量使用下，以每年兩公厘的速度在減少中……泥煤的未來深受威脅，英國甚至成立了保護協會，希望園藝愛好者（非常喜歡用泥煤來製作堆肥）能使用其他成分來代替泥煤。

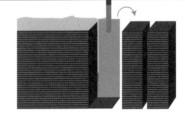

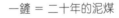 一鏟 ＝ 二十年的泥煤

 重度泥煤風味威士忌

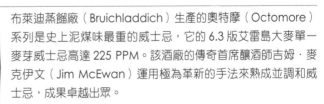

布萊迪蒸餾廠（Bruichladdich）生產的奧特摩（Octomore）系列是史上泥煤味最重的威士忌，它的 6.3 版艾雷島大麥單一麥芽威士忌高達 225 PPM。該酒廠的傳奇首席釀酒師吉姆・麥克伊文（Jim McEwan）運用極為革新的手法來熟成並調和威士忌，成果卓越出眾。

發麥

大麥收成後，必須清洗乾淨，去除雜質，才能進行發麥。
發麥的目的是萃取穀物的澱粉，要經過四道手續，才能將原料送往下一個目的地——蒸餾廠。

浸泡

將大麥倒入浸麥槽中，浸泡至少兩到三天。

發芽

接著將大麥平鋪在發麥區，厚度約三十公分，不僅要保持通風，還要避免曬到光。工匠每隔八小時就會用木製耙子、犁和鏟子將大麥翻一遍。當麥芽長到二至三公厘的長度，就必須讓麥芽停止生長。

烘乾

也就是乾燥，可以阻止穀物繼續發芽。將穀物靜置六天，待其發芽後再移到有著寶塔型煙囪的烘麥窯，可以使用不同的燃料來烘乾：煤炭、泥煤或 70℃ 的熱空氣。烘乾的方式與時間長短會影響威士忌的香氣特色。麥芽乾燥後可以存放數星期。

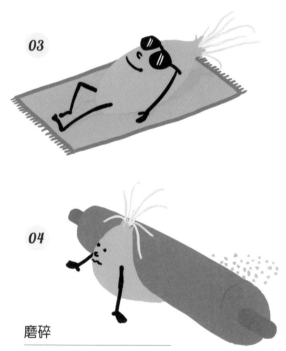

磨碎

將麥芽碾碎，取得碎麥和粉末，就可以送去發酵了。

 喬治爺爺小常識：哪些穀物可以進行發麥？

一般以為只有大麥會拿去發麥，其實小麥、蕎麥和裸麥也可以。

傳統發麥 VS 工業發麥

工業發麥廠已經淘汰木製耙子，改以自動旋轉葉片翻鏟大麥。

　　在這個時代，工業發麥已經幾乎取代傳統發麥方式。僅有少數蒸餾廠基於方便或經濟因素，依然擁有自己的發麥廠。這些蒸餾廠其實也只有把大約一至三成的大麥留在自家發麥，堅持親自發麥的主要原因在於延續歷史傳統，或是開發觀光資源。

　　所有專家一致同意，工業發麥能完美執行每一次的發麥程序，讓麥芽的成長更均勻一致。因此現在發麥的工作通常都交給專業的發麥工廠，當然實際操作的技術與畫面就不像從前書中所描述的那麼引人入勝了。

三隻猴子的傳說

　　「三隻猴子」（Monkey Shoulder）是一款威士忌的名稱，然而猴子和威士忌有什麼關係？要了解前因後果，就必須把時間往回拉，來到蘇格蘭斯佩河畔的德夫鎮（Dufftown）。此鎮享有「威士忌世界首都」盛名，全盛時期曾同時擁有九家蒸餾廠，目前仍有六家屹立不搖。當時鎮上不少人得了一種怪病，雙臂無力、下垂，走起路來模樣像猴子。這是因為翻麥工匠必須趁著有風吹拂的季節，不斷地翻鏟大麥，導致關節痠痛。在機器還沒有發明的年代，只能以人力來進行這項辛苦差事。為了感念這些工人們的辛勞，當地酒廠便將威士忌取名為「三隻猴子」，這背後的故事也就不脛而走。

磨碎、攪拌與糖化

開始釀造威士忌之前，我們先來了解如何釀造啤酒。
不，你沒有看錯！等一下你就會明白箇中原委。

啤酒到底是什麼 ？

所有人都在釀啤酒，你的朋友、你家樓下的酒吧，甚至你的岳父也躍躍欲試，好像釀啤酒真的這麼易如反掌？首先，你需要備齊釀啤酒的四大天王——水、大麥、啤酒花、酵母——然後就可以開始了！

G | **全世界最早的啤酒**

釀造啤酒首次出現在西元前六世紀的美索不達米亞平原，當時人們稱之為 sikaru，並且把它當作一種食物而不是飲料。至於法國最早的啤酒則是於西元前五百年出現在法國南部。

01 **發麥**

將大麥泡水、發芽再烘乾，麥芽中的澱粉酶會在發酵過程中被轉化為酒精。

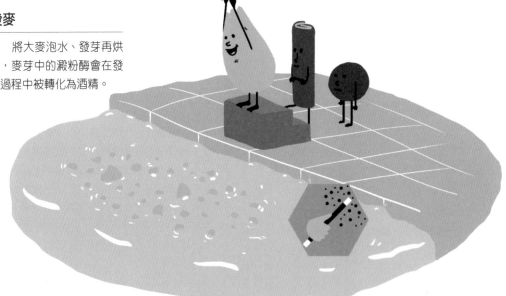

02 **磨碎攪拌**

將麥芽磨成粗粉末，加水攪拌，然後加熱煮沸，製成麥汁。

03 **增添香氣**

加入啤酒花以及其他香料，再次煮沸。

04 **發酵**

最後加入酵母，將糖轉化為酒精和二氧化碳，麥汁就變成啤酒囉！

威士忌的糖化步驟

啤酒跟威士忌有什麼關係？

威士忌的糖化步驟和啤酒幾乎一模一樣（除了威士忌不需要加入啤酒花），這樣的「啤酒」拿去蒸餾就可以得到威士忌。最大的差別在於釀造威士忌的麥芽汁不需要煮沸，如此一來在發酵的時候，會有更多複雜的化學作用同步進行。

如何進行？

將發麥步驟得到的碎麥芽放入糖化槽中，與熱水混合。然後藉由攪拌的動作，將澱粉轉化為較容易發酵性的糖（然後就可以產生酒精）。

千萬別超過 65℃

進行糖化步驟時，如果水溫超過 65℃，麥芽中的澱粉酶會被「燙死」，無法產生該有的香氣，最後釀出來的威士忌可能就會缺少美妙的芳香。

 | 啤酒 VS 威士忌

威士忌是將磨碎的麥芽攪拌成麥汁，再經過蒸餾的成果。

用一句話來說，威士忌就是蒸餾過的啤酒！

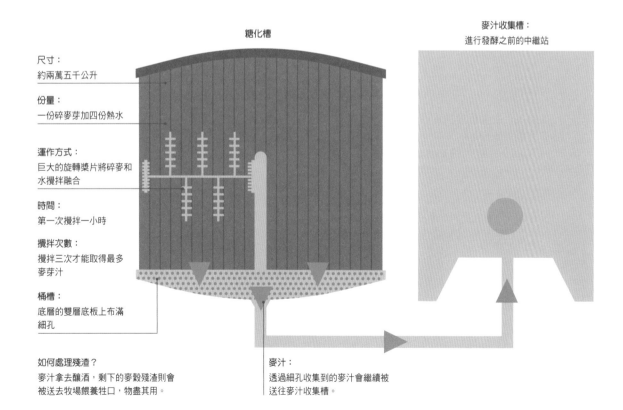

糖化槽

麥汁收集槽：
進行發酵之前的中繼站

尺寸：
約兩萬五千公升

份量：
一份碎麥芽加四份熱水

運作方式：
巨大的旋轉槳片將碎麥和水攪拌融合

時間：
第一次攪拌一小時

攪拌次數：
攪拌三次才能取得最多麥芽汁

桶槽：
底層的雙層底板上布滿細孔

如何處理殘渣？
麥汁拿去釀酒，剩下的麥穀殘渣則會被送去牧場餵養牲口，物盡其用。

麥汁：
透過細孔收集到的麥汁會繼續被送往麥汁收集槽。

發酵

在釀造過程中最不迷人的就是這個步驟了，因為會出現真菌！
但這也是最重要、最困難的步驟，酒精會在此時華麗現身。

發酵槽

麥汁在發酵槽內進行發酵，變成帶有酒精的飲料。它的對角線長四公尺，高六公尺，體型和容量都極為龐大。工人在作業時，通常位在發酵槽頂端一點五公尺高處，乍看之下很難判斷發酵槽究竟有多深。

什麼是發酵？

簡單地說，發酵是糖分藉由酵母菌轉化為酒精的化學反應，由法國微生物學家巴斯德（Louis Pasteur）在1857年發現了這個過程。

發酵槽的材質

傳統發酵槽是用松樹或落葉松做成的，現代則大多使用不鏽鋼發酵槽，因為清洗與保養更方便。

 喬治爺爺說故事

第二次世界大戰時，位在蘇格蘭斯卡帕灣（Scapa Flow）附近的高原騎士（Highland Park）蒸餾廠，其發酵槽曾被海軍基地充當公共浴室。

喬治爺爺小建議：別貪玩！

參觀蒸餾廠時，若你一時興起，將頭探到正在進行發酵的發酵槽上方往裡瞧，此一舉動可能會讓你畢生難忘。大概就是讓你暫時停止呼吸那樣的難忘。發酵作用時會產生大量二氧化碳，當這些氣體一股腦侵入你的鼻腔，肯定讓你要多難受有多難受，還會讓蒸餾廠的導覽員忍不住哈哈大笑（雖然這種情形他們一定見多了）。

發酵作用如何進行？

酵母的角色

　　酵母屬於真菌家族，不過它跟黴菌可是大不相同。如果你情有獨鍾的威士忌裡有種令你魂牽夢縈的馨香，那多半是酵母的功勞。發酵過程中產生的酯類會賦予威士忌各種氣味，讓整體香氣更豐沛馥郁。

天然酵母
在發酵過程中會產生種類豐富的氣味，然而也可能意外產生不討喜的味道。

人工酵母
公認效果較穩定，因此最常用於發酵。某些蒸餾廠會自行培養酵母，但只是少數特例。

｜酯類

酯類是讓威士忌富有香氣的重要功臣。它們會在發酵步驟啟動時悄然現身，至於會產生什麼樣的化合分子、帶來什麼樣的香氣？就是這一點讓釀酒變得特別有趣。例如苯甲酸乙酯（$C_9H_{10}O_2$）或乙酸苄酯（$CH_3\text{-}CO\text{-}O\text{-}CH_2\text{-}C_6H_5$）能賦予威士忌茉莉花、西洋梨或草莓的芳香。

目前能從威士忌中辨別出的酯類超過九十種，帶有果香的乙酸酯最常見，數量也最多。

發酵過程

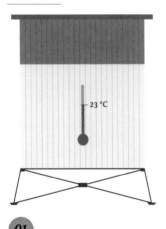

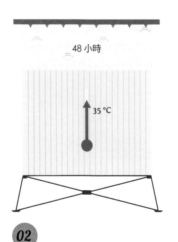
48 小時
35 ℃

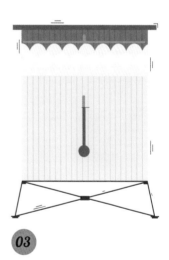

01

當糖化槽中的麥汁降到 23℃，就可以倒入發酵槽中，直到三分之二滿。接著倒入酵母，啟動發酵作用。

02

讓酵母與麥芽汁產生作用需要時間。一開始似乎平靜無波，直到酵母開始活動就會產生泡沫，還會聽到清脆的劈啪聲，溫度也上升至超過 35℃。此一過程將持續四十八小時。

03

發酵槽內的旋轉式雙臂葉片能撈除泡沫，以免泡沫過多溢出槽外。當發酵進行到最高潮時，甚至可以聽見巨大的發酵槽在震動。

 04

發酵結束後會得到類似酸啤酒的酒汁。工人會汲取酒精濃度大約 8% 的酒汁，送到下一站去蒸餾。

蒸餾

∞∞∞∞∞∞∞∞∞∞∞∞∞∞∞∞∞

喝威士忌時摻點水還不錯，但在製造過程中卻必須完全排除水分，只留下酒精，這就是蒸餾的目的。
使用不同的蒸餾方式，例如傳統的單式蒸餾、連續蒸餾或真空蒸餾，也會得到不同的成果。

蒸餾的原則

蒸餾並不會轉化任何物質，而是根據各成分的沸點不同，將不同的物質分離。例如水的沸點是 100℃，但是酒精大約在 80℃ 就會蒸發。所以，將酒汁拿去加熱，其中所包含的各種物質將會接二連三蒸發；將這些蒸氣冷凝液化，就可以得到蒸餾液。

蒸餾威士忌的精妙之處，在於找到適合的沸點，必須略高於 80℃，才能蒸餾出所需的化學分子，讓酒體具備你想要的香氣。當然，實際操作起來更複雜，必須考量多如牛毛的各種參數（壓力、容量等），才能達到預期的成果。

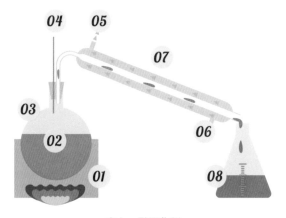

01	加熱座（熱源）	05	冷卻水出口
02	裝在圓形燒瓶中的混合液體	06	冷卻水入口
03	將混合液體加熱至沸騰	07	冷凝器（外層有冷水流過，冷卻蒸氣溫度）
04	溫度計（控制沸點溫度）	08	蒸氣凝結後就可以得到蒸餾液

來上一點理化課

蒸餾的原理來自熱力學，利用物質狀態的變化（固態、液態、氣態），先加熱再冷卻。將蒸餾的原料混合液放在燒瓶裡加熱直到沸騰，蒸氣隨即上升，通過管子進入冷凝器，冷卻後回到液體狀態。

蒸餾很危險嗎？

蒸餾是一項需要全神貫注的工作，通常由專業蒸餾師負責。現在的蒸餾廠設置了許多安全防護措施，盡量避免意外發生。然而在從前，蒸餾廠的爆炸意外時有所聞……

一點小歷史

其實很久很久以前就出現蒸餾這項技術，但一直到近代才被廣泛利用。在古代，人們利用蒸餾來製造精油與香水。亞里斯多德是第一個描寫海水蒸餾事件的人。到了中世紀，蒸餾開始被用於醫學與煉金術。西元八世紀時，一位來自阿拉伯的煉金師將聚集於酒瓶頂端的酒精蒸氣取名為 araq，意為「汗水」。自西元十五世紀以降，蒸餾的最大宗項目就是用來製造酒精了！

單式蒸餾

單一麥芽威士忌的蒸餾廠大多使用單式蒸餾，原則是利用一對蒸餾器將發酵的麥芽汁蒸餾兩次。愛爾蘭酒廠與少數蘇格蘭酒廠，例如歐肯特軒（Auchentoshan），則會進行三次蒸餾。每經過一次蒸餾，就可以得到酒精濃度更高的酒液。

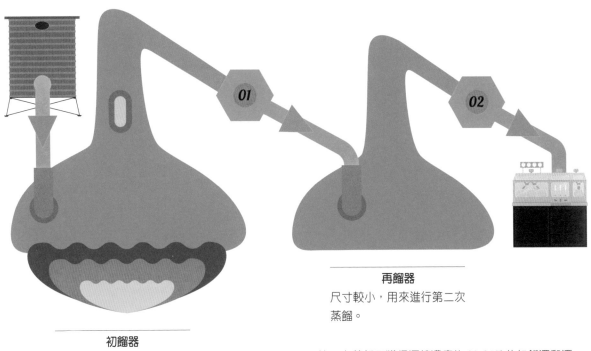

再餾器

尺寸較小，用來進行第二次蒸餾。

初餾器

用來進行第一次蒸餾。蒸餾師可以從觀測窗口觀察液體的沸騰狀態。

01 第一次蒸餾可獲得酒精濃度約 20-25% 的初餾酒和酒糟（含水渣滓）。

02 將初餾酒再次蒸餾，這道手續又稱為「雙蒸」。隨後立即展開關鍵的篩選酒心步驟（參考第 40 頁）。

 真空（低壓）蒸餾

這種蒸餾法非常少見，可以節省能源，也不太需要用到蒸餾器。降低氣壓的同時也會降低物質的沸點，例如在一般大氣壓力下，水要煮到 100℃ 才能沸騰，在低氣壓的環境下則不需要 100℃ 即可煮沸。

 把肥皂丟進蒸餾器

若蒸餾師太忙，沒有辦法隨侍在蒸餾器旁，有些蒸餾廠會在初餾器內加入一小塊特殊的無香味肥皂。這麼做可以防止沸騰時產生大量泡沫，降低發生意外的機率。肥皂液的沸點高於酒精，所以不必擔心被蒸餾入酒液裡。

連續蒸餾

這種蒸餾法會在單一個蒸餾器中連續不斷進行，直到最後獲得精純的蒸餾液。通常用來製造穀物威士忌，也就是全世界產量最多的威士忌。

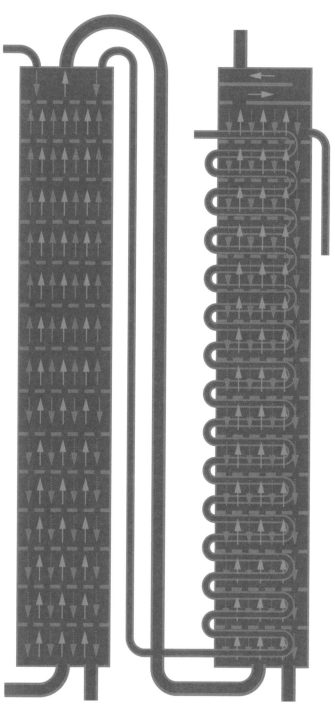

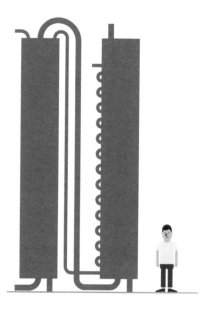

柱式蒸餾器

　　進行連續蒸餾所使用的獨特器具——柱式蒸餾器，又稱科菲蒸餾器，以其發明者命名。柱式蒸餾器能連續不斷地進行蒸餾，可蒸餾出酒精度接近百分之一百、極為純粹的蒸餾液。

 蒸餾廠的廢棄物

嚴格來說，威士忌的釀製過程幾乎是零浪費。

艾雷島的威士忌廠會利用釀酒的廢渣來製造有機氣體，進行發電。還有更厲害的！蘇格蘭科學家目前正在敦雷（Dounreay）核子研究中心進行實驗，試圖利用蒸餾廠的廢棄物去除核電站的放射性汙染。

埃尼斯・科菲
Aeneas Coffey（1780-1852）

別被他的姓氏誤導了，他和咖啡的發展沒有什麼關係，
反而是在威士忌世界掀起一波革命浪潮。

這位愛爾蘭人於 1780 年在法國加萊（Calais）呱呱墜地，成年後從海關職員一路晉升為總稅務官，因職務之便而結識了眾多烈酒界人士，甚至讓他決定在 1824 年買下都柏林的一座蒸餾廠！工作上的際遇讓他對於酒類的天賦嶄露無遺。

他改良了羅伯特・斯坦（Robert Stein）發明的柱式蒸餾器，將蒸餾柱的數目加倍。成效如何呢？新式蒸餾器能不間斷地蒸餾未經發麥的穀物（小麥、玉米），不僅能減少酒體的澀味，也不需要經常維修，比傳統的夏朗德式蒸餾器（charentais still，亦即壺式蒸餾器）更節省成本。科菲的新型蒸餾器於 1830 年取得專利

權，編號 5974，並且以其姓氏命名稱為科菲蒸餾器（Coffey still）。

只是俗話說：「本鄉人中無先知。」這款在愛爾蘭問世的新型蒸餾器卻未曾受到愛爾蘭蒸餾廠青睞，反而是蘇格蘭人從中受益。蘇格蘭威士忌的發展也因此大幅超越愛爾蘭威士忌。

科菲蒸餾器的業績一飛衝天，讓他決定於 1835 年關閉蒸餾廠，開啟他事業的第三春：創立埃尼斯科菲父子公司（Aeneas Coffey & Sons），專心致力於製造蒸餾器。公司後來更名為約翰多爾（John Dore & Co），迄今依然屹立不搖。

篩選酒心

此一步驟必須與雙蒸工序同步進行，將取得的初餾酒分成三階段不同的酒液。
一位蒸餾師的功力如何，全都看這一刻了。

收集蒸餾液的三個階段

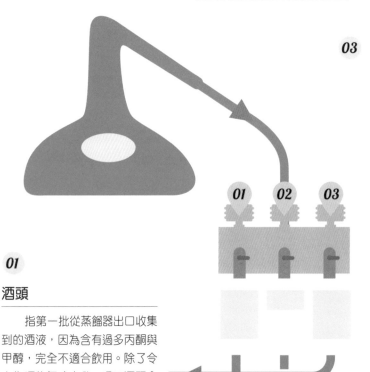

03 酒尾

　　蒸餾過程中最後取得的酒汁，酒精度低於60%，兌水之後會呈現藍色，蒸餾師可以利用此一特性來辨識酒尾。酒尾富含硫化物與濃烈的香氣化合物，當然，它不會被丟棄，而是與下一批初餾酒一起蒸餾（別忘了蒸餾過程是「零浪費」的）。

01 酒頭

　　指第一批從蒸餾器出口收集到的酒液，因為含有過多丙酮與甲醇，完全不適合飲用。除了令人作嘔的氣味之外，喝下酒頭會有什麼危險嗎？它會影響中樞神經系統，導致失明，甚至危及性命……幸好酒頭氣味特殊，酒精度特別高（72-80%），所以很容易辨識。若將酒頭兌一點蒸餾水，酒色會變得混濁。不過酒頭並不會被丟棄，而是與下一批初餾酒一起蒸餾。

　　分離酒頭的步驟需要幾分鐘至半小時的時間，視蒸餾器的大小而定。

02 酒心

　　這就是蒸餾師一心一意追求的東西。將酒心裝入酒桶熟成，三年後就能成為威士忌。

　　酒心的酒精度介於68-72%，蒸餾時間的長短決定了它的風味。時間長，得到的酒心較為柔和；時間短，得到的威士忌不僅酒體濃烈，還帶有極強的硫味。

烈酒保險箱

一點小歷史

烈酒保險箱好像博物館展示櫃一樣，以銅和玻璃製成，用來收集剛蒸餾出來的新酒。這個裝置最初是用來預防逃稅的。很多蒸餾廠為了逃稅，並不會據實申報蒸餾酒的數量，然而只要檢查烈酒保險箱，就可以清楚知道蒸餾器製造了多少威士忌，這麼一來就賴不掉了。

在 1983 年之前，只有蘇格蘭海關官員才有烈酒保險箱的鑰匙；現在蒸餾廠的主管們人人都有備份鑰匙。它被用來分離酒頭與酒尾，並從蒸餾液中篩取出酒心。當然，它也是酒廠巡禮時最吸睛的設備。

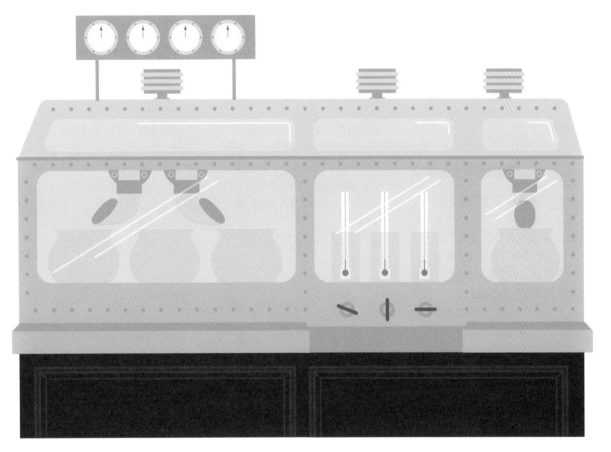

如何操作烈酒保險箱？

想像一下美國太空總署發射火箭的指揮部，只不過這裡操作方式比較傳統。嗯，應該說非常傳統，因為烈酒保險箱完全不具備任何電子裝置。

保險箱上的液體比重計不僅能測量蒸餾液的酒精度，還能透過加水之後變濁或是變藍的狀況，來辨識酒頭與酒尾。蒸餾師會根據加水測試的結果來轉動旋鈕，將酒心導向新酒收集瓶。可想而知，蒸餾師的角色至關重要，必須全神貫注，若是稍一恍神就有可能「釀」成悲劇！

入桶熟成

木桶有點類似母親的角色，不僅能保護並培養威士忌，也會賦予它豐富香氣與色澤。
至於用什麼樣的木桶，對於成果具有決定性的影響。

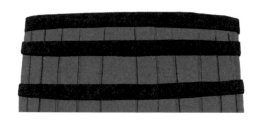

為什麼使用木桶？

人們從十五世紀開始利用木桶裝酒，方便大量運送。首批記載了木桶對烈酒熟成舉足輕重的文字記錄，則出現在 1818 年。當時英國與美國的威士忌消費市場欣欣向榮，蒸餾廠急需木桶裝運威士忌，因此不得不把散見於各港口碼頭的蘭姆酒桶、葡萄酒桶或雪莉酒桶拿來二次利用，酒商也因而發現威士忌會隨著盛裝的木桶而有不同的氣味。

橡木

橡木是最常用於製作木桶的原料，不僅因為數量多、容易取得，木頭的特性也符合威士忌熟成的需求。

下列前兩種橡木經常被使用，第三種則較為少見：

· 美洲白橡木，現今威士忌工業所使用的木桶有百分之九十以美洲橡木製成。

· 歐洲橡木，紋理較密，能讓威士忌酒體吸收更多香氣。歐洲橡木酒桶通常會先用來填裝雪莉酒，再用於威士忌熟成。

· 第三種橡木是日本人使用的水楢木（日本橡木），含有大量的香草醛，紋理深且多孔隙，因此較容易出現滲漏或損壞。

威士忌調色盤
威士忌的色澤會根據木桶的種類與熟成的時間長短，呈現不同的深淺。

如何填裝木桶？

就像去加油站加油，只是加汽油用油槍，填裝木桶用酒槍！填酒的管子比較粗，填裝速度也比較快。木桶填滿之後，栓上木塞，最後別忘記用槌子把木塞槌緊。

幫威士忌上色

在入桶熟成的頭幾年，木桶會賦予威士忌顏色。你會看見原先填裝入桶的酒體是透明無色的，出桶之後就會染上漂亮的色澤，從淺金到深褐色都有。

不同木頭賦予不同的香氣

木桶對於威士忌的最終香味具有決定性的影響。
有些人甚至認為威士忌的香氣有九成取決於熟成的木桶。

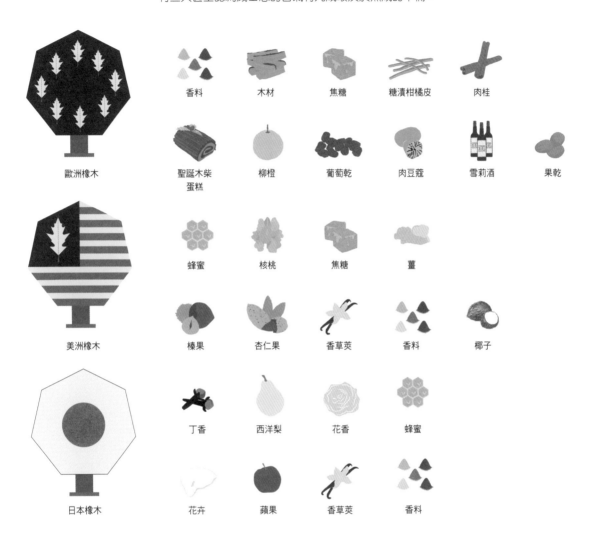

歐洲橡木	香料	木材	焦糖	糖漬柑橘皮	肉桂
	聖誕木柴蛋糕	柳橙	葡萄乾	肉豆蔻	雪莉酒	果乾
美洲橡木	蜂蜜	核桃	焦糖	薑
	榛果	杏仁果	香草莢	香料	椰子
日本橡木	丁香	西洋梨	花香	蜂蜜
	花卉	蘋果	香草莢	香料

多元的香氣特色

　　要讓威士忌擁有香氣，必須讓蒸餾後的酒體與木頭中的各種分子（如木質素、鞣酸單寧、內酯、甘油、脂肪酸等）激盪出化學變化。時間則是完成此項任務的重要功臣。

　　木質素會率先發起第一波化學反應，產生有機化合物香草醛（vanillin），這也是為什麼波本威士忌與年輕的威士忌通常具有香草氣味。相反地，內酯需要長一點的時間才能滲透威士忌酒體，大約得等上二十年，才能讓威士忌散發隱隱動人的椰香氣息。

 風味酒

為了讓威士忌的整體香味更豐富，越來越多的蒸餾廠將酒桶出租給西班牙酒窖，讓他們盛裝雪莉酒並窖藏陳年，再將木桶收回，做為威士忌熟成陳年之用。這招還蠻聰明的嘛！

如何製作木桶？

製造木桶是一種藝術，需要耐性、習藝和精確的功夫。
製桶工人需經過五年寒暑，才能成就一只完美的酒桶。
由此可見，光陰果然是威士忌釀製過程中最勤奮不懈的功臣。

源遠流長的技藝

昔日釀製啤酒或醃製酸菜，都會使用大木桶來裝運產品，可見製造木桶是項古老的技術。雖然科技日新月異，但是製桶的方法卻沒有太多改變。要能達到最佳品質，只能倚賴專門的製桶師傅，憑藉他的一雙手來完成最重要的步驟。

全球最大製桶廠

美國百富門製桶公司（Brown-Forman Cooperage）隸屬於威士忌品牌傑克丹尼爾（Jack Daniel's），一天能生產一千五百個木桶。

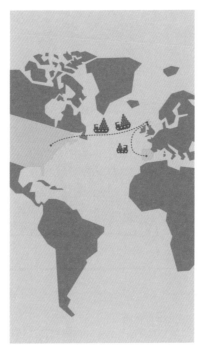

這麼多波本桶從哪來？

1930 年代，因為西班牙內戰，雪莉桶的供應問題變得相對複雜許多。為了解決木桶庫存告急，蘇格蘭酒廠向美國求援，請他們將用過的波本桶運送至歐洲。

這樣一來皆大歡喜，不僅為美國的波本桶找到新出路（波本威士忌規定只能用新桶填裝熟成），蘇格蘭的威士忌也有了能安穩熟成的木桶。現今蘇格蘭酒窖中，波本桶與雪莉桶的比例大約是二十比一。

木桶為何是這個形狀？

液體該如何存放在木製的容器中呢？木桶的防水密封度取決於它的形狀，重點是要能讓鐵環從兩頭套往中間最寬的桶腹，以牢牢箍住全部的木桶板。

這個形狀的另一個好處是能輕鬆搬運大噸位的木桶（還是需要點功夫就是了），而且不論平行排放或垂直貯放都很方便，它的實用性可是經過好幾個世紀的考驗呢！

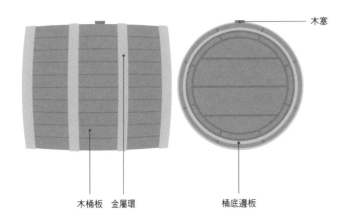

木塞

木桶板　金屬環　　　桶底邊板

橡木桶製作步驟

01

第一個非常重要的步驟，就是挑選樹木。每到伐木季節，製桶業的專家都會親至林場，仔細挑選最優良的橡木來製作木桶。木頭的品質攸關木桶的好壞，在砍樹之前與之後都要再挑選檢查一次。挑選會根據幾個標準，包含樹木的型態與生長的條件，由此可得知每塊木頭的質地、紋理疏密，以及單寧的含量。

烘烤桶 VS 燒烤桶

　　用來填裝雪莉酒的木桶只有經過烘烤程序，波本桶在裝入波本威士忌之前，則會先拿去燒個焦黑。

　　燒烤木桶的過程最讓人印象深刻，木桶內會燃起超過一公尺高的熊熊火焰。焦化的木頭會形成活性碳濾層，不僅能降低硫化物產生，讓酒體更為柔順，還能賦予威士忌較深的色澤與獨特的煙燻香氣，甚至產生焦糖、蜂蜜和香料味。

　　燒烤過的木桶會先填裝波本威士忌，陳放數年使其熟成。當波本威士忌被取出後，空桶就會被送到蘇格蘭或愛爾蘭，展開生命的第二春。木桶的壽命大約五十至六十年，退役之後會被送到再生處理廠。

02

樹砍下來之後，必須以人力小心地劈開，保持其紋理完整，不能破壞木頭的纖維，因為這可是酒桶防水的關鍵。木頭裁切並剝除樹皮後，會被堆放在室外長達數年之久。暴露在空氣及雨水中的木頭也會自然「老熟」，讓包含在其中的各種分子慢慢產生變化。在這段過程中，製桶師傅也會隨時檢測木頭的含糖量與酸性的變化。

波本威士忌新桶
美國法令規定，波本威士忌一定要使用燒烤處理的新桶，木桶內部的焦化厚度至少要有 5 公厘。

03

接受過日曬雨淋的木材將會按照紋路，被機器切割成一片片桶板。先切出需要的長度，再從兩端片薄、磨出斜面。接著將外側拋光，內側處理出弧度，最後以雷射修整出更精確的尺寸。

04

裁好的桶板會經過嚴格檢查與篩選，再交給製桶師傅進行組裝。這項工程講求速度與精確度，製桶師傅必須使出渾身解數，不僅要以肉眼分辨出合適的桶板，還要以手工將桶板與金屬環組裝在一起。在金屬環箍起桶板前，散開的木板好似花瓣，製桶師傅會將它暱稱為玫瑰。

05

箍起的「玫瑰」必須堅若磐石，並且接受水與火的考驗，藉此固定和定型。

06

最後一道程序是以高壓水柱噴灑木桶，進行最嚴格的防水測試，這麼做可以立即檢驗出是否有漏水或製造上的瑕疵。若是沒有通過這一關，木桶就沒有資格被送進酒廠。

各式各樣的木桶

用來存放與運送威士忌的木桶可不只有一種類型。

180 公升

波本桶
來自美國,使用最廣泛,能賦予威士忌香草與香料的氣味。

480-520 公升

雪莉桶
來自西班牙,是最貴重也最笨重的木桶。曾熟成過雪莉酒,因此能讓威士忌帶有果乾及香料的氣味。

250 公升

豬頭桶(hogshead)
與波本桶相似,只是容量更大。有人戲稱它可以裝下一頭豬,其名稱其實是來自英國舊時的容量單位「hogges hede」,約等於 63 加侖。

40 公升

法肯四分之一桶(firkin)
容量最小的木桶,以前用來裝運啤酒、海鮮和肥皂之類,現在已經不太常見。

水楢木桶
第二次世界大戰導致木材短缺,才會開始用日本橡木(水楢木)來製桶。數量非常稀少,一年產量不到一百個。

木桶的價格

　　木桶大約佔威士忌製作成本的百分之十到二十。近幾年雪莉酒產量下滑,因而對波本桶的需求大增,木桶的價格也明顯上漲。一個波本桶大約五百至六百歐元,雪莉桶則是七百到九百歐元。某些稀有木桶甚至輕輕鬆鬆就超過兩千歐元。從木桶的製作到售價來看,不難理解為何一個木桶要重複使用直至蠟炬成灰了。

木桶的生命週期

一個木桶可以使用幾次？取決於蒸餾廠以及釀酒師所期待的香氣，通常可以使用三到四次。

首次填充

對蒸餾廠和威士忌愛好者來說，第一次裝填的新桶是最有意思的。「首次填充」並不是指全新的木桶第一次裝酒（通常都會先填裝波本威士忌或雪莉酒），而是指第一次填裝蘇格蘭單一麥芽威士忌。首次填充的木桶能讓威士忌吸收最飽滿的香氣。

哎呀，木桶痛痛！

要讓木桶能持續工作五十年，就得經常保養，進行「拉皮」手術：

· 修復歲月摧殘的痕跡。

· 更換受損的桶板。

· 將波本桶拆開，添加幾片桶板改裝為豬頭桶。

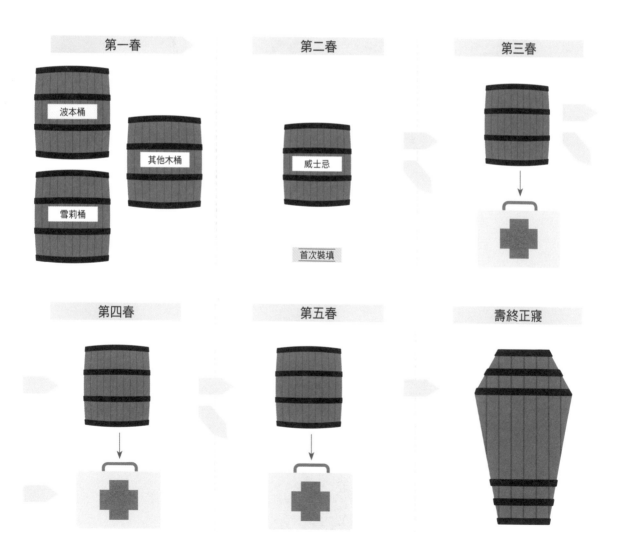

傑克·丹尼爾

Jack Daniel（1849-1911）

他是同名酒廠的創辦人，也是威士忌界謎一般的人物。

雖然他的名聲永世流傳，但命運女神並非總是對傑克·丹尼爾微笑。他的母親生下他不久之後即辭世，父親將他留給鄰居照顧。他六歲就逃家，被一位路德教派的牧師丹·卡爾（Dan Call）收留。這位牧師也是業餘的釀酒師，傳說是他將蒸餾技藝傳給了傑克，然而後來新的研究指出，對傑克傾囊相授的其實是丹·卡爾的黑人員工尼瑞斯·格林（Nearis Green）。

丹·卡爾決定將更多時間奉獻給上帝，因此傑克買下他的蒸餾廠，並於 1866 年登記註冊，成為美國第一所正式登記，也是最古老的蒸餾廠。傑克·丹尼爾的威士忌一開始裝在圓形瓶中，後來他聽了一位業務員的建議，於1895 年改為現在的方形瓶，自此成為品牌的獨特商標。仔細端詳這瓶佳釀，你一定會好奇：「為什麼瓶身上要標示 Old NO.7 ？」答案眾說紛紜，這就是傑克晉身傳奇排行榜的不可洩漏之天機！

傑克終身未娶，也沒有子嗣，於是委託外甥掌管業務蒸蒸日上的蒸餾廠。外甥建議老傑克，將積蓄存放在一個只有他們兩人才知道密碼的保險箱中。後來傑克忘記密碼，憤而踢了保險箱一腳，踢傷了腳指頭，傷口受到感染，導致傑克於五年後去世……專家診斷應是敗血病，但這聽起來就少了點傳奇性了。

查爾斯·多哥
Charles Doig（1855-1918）

提到蘇格蘭威士忌，你應該也要認識一下蘇格蘭傳統的烘麥窯，
和它的發明人查爾斯·多哥。

1855 年，查爾斯·多哥出生於安格斯郡（Angus）的農場，在奪得幾次數學比賽冠軍後，他對於幾何學的天賦開始受到矚目，十五歲就被當地建築師挖掘。

當時正是斯佩河畔（Speyside）的蒸餾廠迅速擴增的時期，而多哥也是這段歷史的最佳見證人。他不僅被委託建造新蒸餾廠，也負責維修舊蒸餾廠。當時的蒸餾廠時常發生火災，為了解決這個問題，多哥建議在蒸餾廠周邊設置滅火系統。

然而他留給後世最重要的遺產，卻是一個有寶塔型煙囪、帶點亞洲風的烘麥窯。以前發麥廠或蒸餾廠的烘麥窯都是圓錐形屋頂，多哥試圖將實用性與設計感結合，並改良了

抽風系統。第一座新型烘麥窯誕生於大雲鎮（Dailuaine），距亞柏樂（Aberlour）蒸餾廠幾里之遙。後來他火力全開，在有生之年一共蓋了五十六座烘麥窯。

雖然現在很少蒸餾廠還有繼續使用烘麥窯（發麥步驟已鮮少在蒸餾廠內進行），這寶塔煙囪仍是蘇格蘭威士忌無可取代的象徵。

酒窖洞天

當天使也想來分一杯，你以為窖藏陳年的佳釀真能高枕無憂嗎？
外在環境會直接影響酒桶內的熟成，酒窖中的威士忌只能慢慢地靜待奇蹟發生。

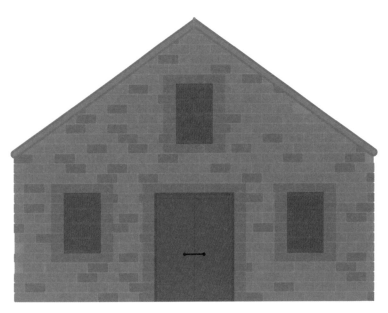

在釀造過程中，酒窖是威士忌待上最久的地方，也是歲月施展魔法的舞台。酒窖雖然必須負起保護威士忌的責任，但也要能引入當地的氣候特色，才能在威士忌身上刻劃出風土的況味。

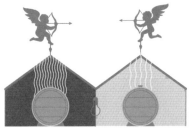

Ⓖ 天使的分享

如此詩情畫意的名字，卻是用來形容一點也不浪漫的物理現象。這指的是威士忌在窖藏陳年的過程中揮發的份量。酒窖環境越乾燥、溫度越高，天使能夠分享到的酒就越多。相反地，在涼爽潮濕的環境下，威士忌揮發的量就越少。

來自其他蒸餾廠的酒桶

仁慈與互惠是威士忌這一行的「傳統美德」，不同競爭對手的酒桶存在同一個酒窖中，也不是太稀奇的事。原因有很多種，可能是對方遇到技術性的困難，在過渡時期只能將酒桶寄存於其他酒窖；也可能是某個酒窖的所在地具有獨特的風土特色，有益於威士忌的熟成。

葡萄酒桶也來湊一腳

酒窖中也不乏從法國或其他國家來的葡萄酒桶，那些原本孕育了波爾多城堡佳釀或利口甜酒的木桶，能為威士忌增添不同種類的香氣。

Ⓖ 喬治爺爺小建議：厚著臉皮問問看

蒸餾廠很少會主動讓訪客參觀酒窖，但稍微死纏爛打一下，他們偶爾還是會驕傲地向你展示傲人的酒藏。若是運氣夠好，你還能品嚐到直接從酒桶汲取出來的威士忌。看著釀酒師在一堆酒桶中鑽進溜出，拿著裝滿威士忌的吸管來到面前，這麼特別的體驗要想忘記都難。

酒窖散步

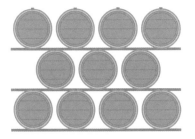

傳統鋪地式酒窖

　　這種有紅土地面以及板岩屋頂的石頭建築，外表乍看其貌不揚，內部則會令你大吃一驚。首先映入眼簾的是很多的真菌，而且是熱愛酒精蒸氣的酒氣菌（Baudoinia compniacensis），讓酒窖的石牆變成一片黑壓壓的。然而它的好處是可以控制濕度，有了這些酒氣菌，每年逸散的天使分享大約佔每個酒桶的百分之二。

棧板式酒窖

　　每一個酒桶都是直立放在棧板上，方便推高機搬運作業。這類型酒窖最大的好處是擁有極為便利的物流系統，只是離傳統酒窖的形象有點遠，看起來反而更像一座工廠……

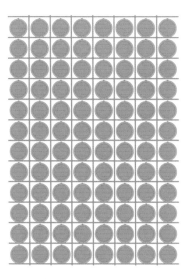

層架式酒窖

　　這類酒窖出現在 1950 年代。請你忘記傳統酒窖的美感，這裡只有水泥地面、鋼板屋頂跟空心磚牆。進到酒窖裡會覺得自己像個小矮人，不斷往上堆疊的酒桶直至十二層高，越靠近屋頂的酒桶獻給天使的分享也會越多。

酒桶中的威士忌對於環境可是相當敏感的

風味調和

當時候到了，就可以喚醒沉睡中的威士忌，進行下一個調和的步驟。

一點小歷史

人們在十九世紀中期發明了調和式威士忌。當時威士忌的品質參差不齊，為了解決這令人頭痛的問題，任職於蘇格蘭格蘭利威（Glenlivet）蒸餾廠的安德魯·亞瑟（Andrew Usher）靈機一動，將好幾款威士忌混和在一起，讓口感更協調也更順口。時至今日，調和式威士忌已穩佔全球百分之九十的市場。

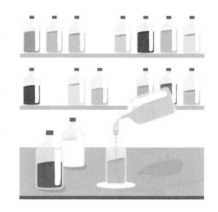

為什麼要調和？

蒸餾廠的存續取決於精湛的威士忌調和藝術。即使每個酒桶都在同一時間裝填，都來自同一家蒸餾廠，也在同一個酒窖熟成，最後孕育出的威士忌卻是獨一無二的，不僅色澤各異，口感也有落差。要每個蒸餾廠年年提供口感一模一樣的產品，是非常不容易的事。有了調和式威士忌，就能確保品牌產品的一致性與穩定性了。

如何調和？

威士忌調酒師會先從眾多酒桶中挑出要調的威士忌（從兩種到百種不等），然後將酒桶裡的威士忌倒入不鏽鋼酒槽內混和均勻。調和好的威士忌有時候會再次存入木桶熟成，為期數週至數月不等，目的是讓酒體更和諧，也讓威士忌的香氣更登峰造極。

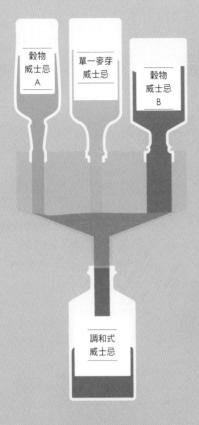

調和式威士忌

　　調和威士忌好比譜曲，來自不同酒桶的威士忌各自代表不同的音符，只要安排得當便能得到令人愉悅的曲目。譜曲的複雜與困難度在於這些威士忌音符種類數以千計，滋味也是每年各異。調酒師必須如勤奮的螞蟻，隨時注意每一個味道的細微轉變，確保每年的產品都能一脈相承，忠實呈現品牌一貫的特色。

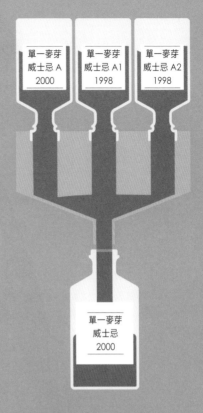

單一麥芽威士忌

　　如果你以為單一麥芽威士忌與調和式威士忌相反，並沒有經過調和，那也不能算錯。然而為了年復一年地維持威士忌風味的一致性，以符合蒸餾廠的招牌風格，調酒師會調和不同年分或不同酒桶的單一麥芽威士忌，平衡每年出產的產品在口感與香氣上的些微差異。

 年分大哉問

當你入手一瓶十五年的威士忌，裡面真的只有窖藏熟成十五年的威士忌嗎？其實並不是這樣的。法律規定，年分的標示要以瓶中最年輕的威士忌為主。但是瓶裡面通常含有更老的威士忌，也是它提高了整體的身價。某些品牌的單一麥芽威士忌，裡頭甚至含有兩種比酒標上的年分還要老上兩倍的陳年威士忌。

裝瓶乾坤

威士忌生產鍊的最後一環，將牽起你與蒸餾廠的緣分：
耗費數年完成的佳釀即將裝入酒瓶，成為你酒櫃中的新歡。
若是在這最後的步驟敷衍了事，還是有可能功虧一簣，令人扼腕！

加水稀釋與過濾

用意何在？

在窖藏階段的威士忌酒精度大約 64%，對於一般人來說實在太烈了，需要加水使酒精度降至 40-60% 之間。這個步驟所使用的水必須與前幾個步驟一樣。但是加水會讓脂肪酸沉澱現形，使威士忌變得混濁，採用冷凝過濾法則可以排除這種現象。

冷凝過濾

進行冷凝過濾前，必須將威士忌的溫度降至零度。接著將威士忌導入兩塊纖維板中間，將脂肪酸與蛋白質濾除，威士忌就會呈現晶透清澈的質地。獲得透明美酒的交換條件，就是脂肪酸中的某些香氣分子也一併被濾掉了。

非冷凝過濾

為了避免香氣分子在冷凝過濾時被濾除殆盡，某些威士忌品牌會在室溫下使用纖維板過濾。這樣的威士忌含有較多的脂肪酸，酒精度通常高於 45%。

原桶強度

品嚐原桶強度威士忌之前，最好先做好萬全準備。原桶強度代表從酒桶中取出的原酒，裝瓶前未曾加過任何一滴水，酒精度超過 60%，香氣也如花團錦簇般盛開。這樣的佳釀通常只獻給老饕行家，品嚐時要加多少水來稀釋，或是完全不加水，都隨心所欲。

 單一酒桶威士忌

如果酒標上寫著 single cask，代表這瓶威士忌完全來自單獨一個酒桶。

+ 你掌中這杯佳釀非常忠實地體現了歲月的縮影，投射出原料轉變為威士忌的漫長歷程。

− 不要太迷戀這瓶威士忌，因為日後要買到同樣一瓶幾乎是可遇不可求。畢竟單獨一個酒桶只能提供上百瓶威士忌而已。

單一桶威士忌原本只出現在蘇格蘭獨立裝瓶廠，為了與大品牌威士忌有所區隔，所以只挑選品質最佳的酒桶來裝瓶。後來技術普及了，各品牌亦推出自己的單一桶威士忌。

官方裝瓶 VS 獨立裝瓶

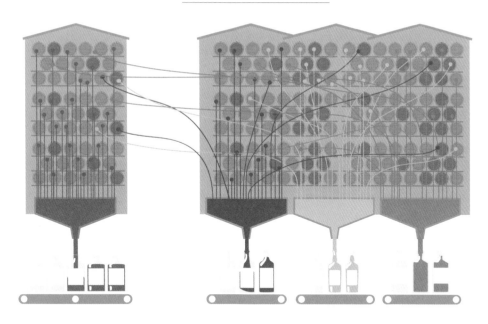

VINTAGE

Distilled at IMPERIAL Distillery

Speyside Single Malt

Scotch Whisky

- Vintage 1995 -

Age: 20 years
Distilled on: 18.09.1995
Bottled on: 24.09.2015
Matured in: Hogshead
Cask No.s: 50222 • 50223
Bottle no.: 336

Due to no chillfiltration, this whisky
may turn cloudy when stored in a cool
place. It is both more full bodied and
full flavoured.

75 cl NATURAL COLOUR 46 % vol.

如何辨認獨立裝瓶的威士忌？

與官方裝瓶相反，獨立裝瓶廠的酒標都非常樸實，而且標示了非常多技術資訊。較知名的 IB 如聖弗力（Signatory Vintage）、道格拉斯蘭恩（Douglas Laing）和高登麥克菲爾（Gordon & MacPhail）。

官方裝瓶指的就是在蒸餾廠內進行裝瓶，因此能忠實遵循蒸餾廠的精神與原則，反映其特性。

然而和葡萄酒不同，你可以向不同的蒸餾廠購買酒桶，然後自行裝瓶出售，這就是獨立裝瓶廠（內行人稱之為 IB）在做的事。一般來說，蒸餾廠會出售「不符合品牌一貫風味」的酒桶。當獨立裝瓶廠買下這些酒，就由他們全權決定是否繼續熟成、換桶，或是與其他酒桶的威士忌調和。

獨立裝瓶廠不一定都位在蘇格蘭，比利時、法國、德國也有不少，不過通常酒標上仍會標示「於蘇格蘭蒸餾」。

(G) 葡萄酒王國的獨立裝瓶廠

有位比利時人買來蘇格蘭蒸餾的威士忌，放在法國勃根地窖藏熟成，他就是米樹·庫芙賀（Michel Couvreur）。他將酒桶儲放在布茲萊伯恩，這座小鎮就位在舉世聞名的葡萄酒產地伯恩（Beaune）附近幾里之外。

Bouze-lés-Beaune
布茲萊伯恩

首席釀酒師

他是威士忌品牌的象徵，也是神一般的靈魂人物。
蒸餾廠不僅倚賴他的專業，更少不了他對威士忌的熱情。

持之以恆的職業

　　如果你心血來潮，想轉換跑道當釀酒師，最好多考慮想一下。成為釀酒師並非彈指之間的事，從踏入蒸餾廠開始，一直到熬出頭成為釀酒師，不知不覺就是十年光陰。嘗試、學習、理解，釀酒師必須身兼數職，才能掌握每一個步驟的精髓，直到獲得最後的聖杯威士忌。

　　學富五車的釀酒師通常也極為謙卑，因為「人們始終無法真正了解威士忌」。他還必須具備以下特質：科學家精神、人際關係高手、狂熱份子，而且有個非常靈敏的鼻子。

該和釀酒師聊些什麼？

　　和釀酒師面對面近距離接觸？別緊張，聊聊下列幾個主題，你也可以偽裝威士忌行家。

・你的蒸餾廠使用哪一類型的蒸餾器？

・你最近有發現令你心動的威士忌嗎？

・你今天（指一下外面的天氣）要推薦哪一款威士忌給我呢？

通常只要丟一個與他職業相關的問題，就能讓他滔滔不絕說上數小時！

首席釀酒師 VS 首席調酒師

首席釀酒師主要負責威士忌的蒸餾過程，是釀造單一麥芽威士忌的靈魂人物。而調和式威士忌的重責大任則交由首席調酒師來主宰，兩個職業相輔相成。

首席釀酒師的一天

釀酒師可不是從早到晚只要盯著蒸餾器就可以了。
他的工作相當繁雜,甚至一天二十四小時都還不夠用呢!

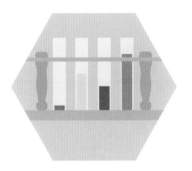

研發新款威士忌

往實驗室出發!威士忌品牌不會以既有的成就而自滿,即使原有的「品牌風格」受到廣大消費者的賞識,推出新的產品也同樣重要。因此釀酒師必須不斷嘗試調和新的威士忌、實驗新酒桶的熟成效果,持續不懈地革新。

管理蒸餾廠

首席釀酒師是貨真價實的管理者,必須確保蒸餾廠全年無休正常運轉。改進釀酒的每一個步驟,提高釀製威士忌的效率,也是釀酒師的責任。

測試威士忌熟成度

通常釀酒師都會異口同聲地說,這是他們工作中最愉快的部分。為了掌握每個酒桶的熟成狀況,他們每天都得在酒窖裡喝上一達姆(dram,威士忌計量單位,大約一小口)威士忌,這當然是出自專業考量!

成為酒廠活電腦

「我們不只成為釀酒師,而是持續當一個釀酒師。」這就是釀酒師生命樂章的主旋律,不僅需要上知蒸餾廠歷史,還要讓威士忌品牌與時俱進、展望未來。

品牌最佳代言人

你以為鎮日在酒廠穿梭的釀酒師都是全身髒兮兮,肩上還黏著蜘蛛網嗎?那你可就錯了!你一定曾在威士忌品牌的全球巡迴活動上看過他們,總是身著無比優雅的三件式西裝,或是輕鬆時尚的牛仔褲搭襯衫。釀酒師就是最稱職的品牌大使,還有誰比他們更適合介紹自己的傲人佳作呢?

蒸餾廠內的其他職業

一座蒸餾廠猶如一個分工合作的蟻窩，人才濟濟且相輔相成，
齊心將穀物醞釀成最棒的威士忌。

蒸餾師

負責看顧整個蒸餾過程，
並由他來判定蒸餾的「分段點」
（cut points），淘汰酒頭與酒
尾，篩取酒心成為新酒。整體來
說是一項非常複雜的工作。

糖化管理師

負責將麥芽中的澱粉
轉化為易發酵的糖分，然
後在發酵槽中加入酵母，
將糖分轉化為酒精。

酒窖管理員

管理酒窖物流，並
且負責裝填酒桶、排空
酒桶和換桶的任務。

酒廠經理

他必須讓蒸餾廠在各方
安全的條件下有效率地運
作，可說是蒸餾現場所有
員工與酒桶的負責人。

訪客服務中心主任

蒸餾廠不僅是創造威士忌的地方，也是觀光的好去處。光是 2015 年，
蘇格蘭某家蒸餾廠就擠進了超過一百五十萬名訪客爭相參觀。訪客服務中心
當然要負責提供獨一無二的參觀行程，確保訪客人身安全，同時還要避免蒸
餾廠員工的作業受到干擾。

 小蒸餾廠 VS 大蒸餾廠

小型蒸餾廠的員工往往一人身兼數職，校長兼撞鐘，一人獨攬所有工
作。像是蘇格蘭的艾德多爾（Edradour）蒸餾廠，目前就僅有三名員
工。而傑克丹尼爾（Jack Daniel's）蒸餾廠的員工超過五百名，主要工
作內容包括蒸餾、裝瓶與產品配送。

陶瑟
Towser（1946-1987）

你可以在陀崙特（Glenturret）蒸餾廠的大門口，欣賞這位身手不凡人物的銅製雕像。這位連環殺手保住了蒸餾廠穀物的安寧，曾有兩萬八千八百九十九條冤魂斷送在他掌下。蒸餾器下橫屍遍野，數目之多甚至登上了金氏世界紀錄。

不用害怕，陶瑟當然是一隻貓！傳說在每天夜裡，這個非比尋常的喵星人都會喝加了一點威士忌的牛奶，這似乎可以解釋為什麼他如此驍勇善獵，而且一獵就是二十三年。他的名氣如此響亮，蒸餾廠甚用他來命名了一桶威士忌，特別設計的酒標上還有一個代表陶瑟的小圓牌。

陶瑟無疑是蘇格蘭蒸餾廠中最具知名度的廠貓。其實幾乎每個蒸餾廠都有一隻貓，而且很快就會成為酒廠的吉祥物。陶瑟於 1987 年過世後，由琥珀（Ambre）接手他的崗位。與神氣的前輩相比，琥珀完全無法望其項背，據說在二十二年的職涯中完全沒有逮過一隻老鼠！

後來陀崙特蒸餾廠與貓咪保護協會合作，挑選陶瑟的繼任者，這也成為媒體最愛報導的全國大事。現場還有貓咪心理分析師幫忙面試貓咪，試圖找出能夠每年接待十二萬訪客，還要負責抓老鼠的喵星人。而且是全職！

參觀蒸餾廠的黃金守則

對於威士忌愛好者而言，參觀蒸餾廠不僅是有趣的經驗，
若懂得提前做好行程規劃，一定能留下更美好的回憶。

01 事先規劃行程

如果是去蘇格蘭，也許會需要搭飛機、搭船、搭火車或是租車。例如要參觀吉拉島（Jura）的蒸餾廠，在島上最好要有車代步。請務必根據季節，預先訂好時間表，以免被困在旅途中。

同時別忘了預先安排住宿，尤其是在旅遊旺季，附近的旅館跟民宿很容易就會客滿……

02 事先找好司機

參觀蒸餾廠卻滴酒不沾，還真的蠻少見的……即使一次只喝一小杯威士忌，你也沒有任何理由可以開車。請注意蘇格蘭2014年的新交通法令：酒測值超過0.5毫克，一律不准駕駛。

03 觀光味太重的酒廠不要去

當然，要去哪一間蒸餾廠，完全由你自己決定。不過有些蒸餾廠看起來比較像博物館，而不是喬治爺爺想介紹給你的那種可愛蒸餾廠。拋開大蒸餾廠，去探索小型蒸餾廠也不錯，這樣更容易遇見狂熱的威士忌職人，向你介紹他們引以為傲的工作，或是一起交流關於威士忌的心得。不過還是有個先決條件：把英文練好……

04 在行李箱裡塞幾瓶威士忌帶回家

好主意！參觀蒸餾廠時，通常可以買到限量版或是外國買不到的威士忌。建議買酒之前先查清楚海關的規定：從歐盟國家帶進法國，一人限帶十公升威士忌；從非歐盟國家帶進法國，一人限帶一公升威士忌。除非你的孩子已經超過十八歲，否則別指望他們可以順便幫你帶更多的威士忌。

05 別錯過免稅店

就算不是到威士忌的故鄉旅遊，也別忘了逛一下免稅店。大型蒸餾廠通常會有專門為免稅店開發的特別酒款。

* 台灣海關規定，年滿二十歲的入境旅客可攜帶酒類一公升。若超過免稅限制卻未申報者，海關有權力將超過的數量沒收，並且每公升處兩千元罰鍰。

注意酒瓶的容量

有些旅客的威士忌被法國海關沒收，很有可能是因為酒瓶容量的關係。法國的標準酒瓶為700毫升，美國卻是750毫升。雖沒有明確的法規，但最好還是注意一下。

N⁻2

品飲威士忌大哉問

覺得品酒過程既冗長又複雜？只要依循幾個簡單的步驟依樣畫葫蘆，就能愉悅地盡情享受杯底乾坤，進入意想不到的威士忌世界。請拿好手上的酒杯，讓我們朝著感官之路出發吧！

品酒前置作業

終於可以品酒了！不要心急，工欲善其事，必先利其器，萬全準備才是成功之鑰。

品酒的地點

　　品酒需要中性的環境，別為了炫耀你的私人吸菸室而選在那個地方品酒，菸草味會讓你的感官變得遲鈍。同樣的道理，也不要在品酒進行到一半的時候跑出去抽菸。此外，附近的音樂、交談聲、球賽轉播等噪音，都會轉移大腦部分專注力，進而影響我們對味道與氣味的感知。

01 嚴選品酒夥伴

　　品酒如人飲水，喜惡自知。但一場美妙的品酒會也可以讓朋友、家人或同好歡聚一堂，互相分享切磋。大家一起品酒的好處是可以交流心得，提出不同看法，自己一直解不出來的香氣或許就這樣被點醒了。慎選酒伴當然很重要，若找來威士忌行家，可能會用排山倒海的專業詞彙讓你倒盡胃口，一竅不通的菜鳥也可能一問三不知，不免讓人覺得洩氣。

02 威士忌的品選順序

　　品酒會當然可以品嚐任何你想嘗試的威士忌，只是如果你希望酒過三巡之後還能繼續清醒地品酒，最好注意酒類的順序。

主題建議：
- 環遊世界
- 單一地區（例如斯佩河畔區的蒸餾廠）
- 特色比較（泥煤威士忌、波本威士忌或調和式威士忌）
- 酒廠綜觀（同一蒸餾廠但不同年分、風味或熟成手法的威士忌）

順序原則：
- 由低酒精到高酒精
- 由輕泥煤到重泥煤
- 由少年分到老年分

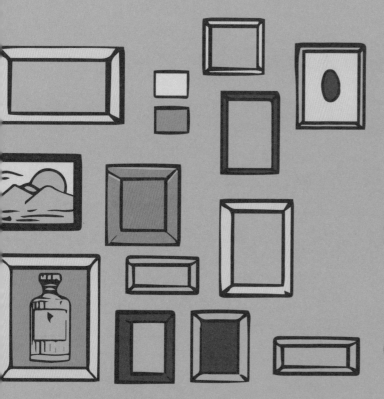

03 找出「指南針」威士忌

　　「指南針」威士忌是你品酒的參考基準。開始品酒之前,先喝一口「指南針」威士忌會非常有幫助。如果你發現它的口感與往常不同,表示你目前的狀態有可能無法正確判別威士忌的口感,可以的話最好將品酒活動順延。

04 多喝水

　　請確認品酒桌上有足夠的中性飲用水(富維克礦泉水或來自蘇格蘭的水)。水才是你應該在品酒會上大口灌的飲料!

05 別忘了填寫品酒紀錄表

　　做紀錄看起來是最不好玩的步驟,不過這些表格能讓你精益求精,更樂於體驗下一次的品酒。品酒紀錄表請參考第 86-88 頁。

06 來瓶神祕嘉賓

　　如果有機會(或有閒錢),你可以在品酒會的尾聲獻上一瓶罕見佳釀。例如已在市面銷聲匿跡的老蒸餾廠威士忌、較鮮為人知的調和式威士忌,或是傳奇年分威士忌。一定要把這瓶神祕嘉賓的身世典故背得滾瓜爛熟,再加油添醋跟朋友分享!相信這次別開生面的品酒會,將令所有與會嘉賓難忘。

吃飽了撐著再品酒

　　空腹品酒是新手常犯的錯誤。品酒會的第一杯酒會讓你胃口大開,尤其「烘烤過的大麥」、「野性的氣息」或「水果滋味」這些形容詞聽了更讓人飢腸轆轆,然後思緒與注意力就飄到下一頓大餐了。吃點東西也可以抵擋酒精發揮作用,避免喝兩杯就爛醉如泥。當然我們也沒有建議你先吃頓滿漢全席啦!

酒精對人體的影響

飲酒並非微不足道的小事，來看看威士忌在人體中經歷的奇妙旅程，
你就會知道酒精會對我們產生什麼樣的影響。

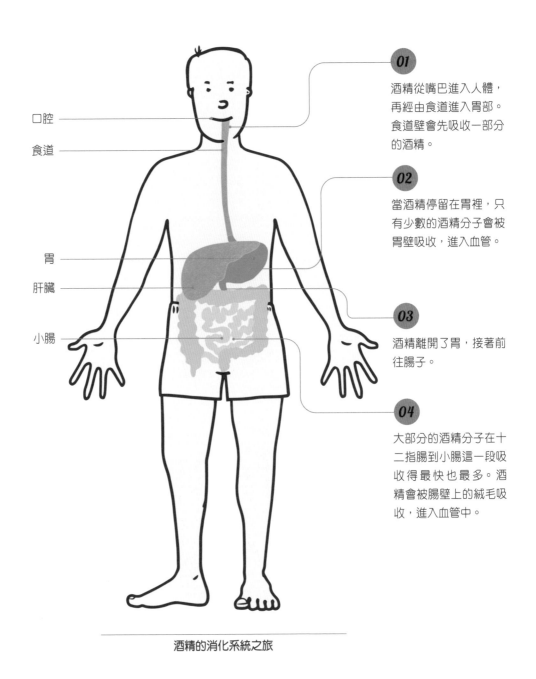

口腔
食道

胃
肝臟

小腸

01

酒精從嘴巴進入人體，再經由食道進入胃部。食道壁會先吸收一部分的酒精。

02

當酒精停留在胃裡，只有少數的酒精分子會被胃壁吸收，進入血管。

03

酒精離開了胃，接著前往腸子。

04

大部分的酒精分子在十二指腸到小腸這一段吸收得最快也最多。酒精會被腸壁上的絨毛吸收，進入血管中。

酒精的消化系統之旅

默默在人體內流動的酒精

酒精分子非常小，也非常容易溶於水和脂肪，因此能迅速擴散到身體各器官。

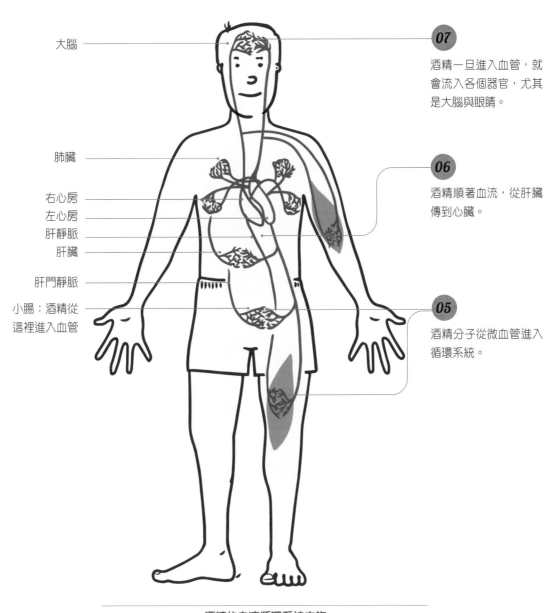

大腦

肺臟

右心房
左心房
肝靜脈
肝臟

肝門靜脈

小腸：酒精從
這裡進入血管

07
酒精一旦進入血管，就
會流入各個器官，尤其
是大腦與眼睛。

06
酒精順著血流，從肝臟
傳到心臟。

05
酒精分子從微血管進入
循環系統。

酒精的血液循環系統之旅

時機一到，酒精就會開始發作

我的酒精代謝能力跟大家一樣嗎？

每個人的身體對酒精的代謝力大相逕庭。肝臟每小時只能代謝固定數量的酒精（約十五到十七毫克），而肝臟中的代謝酶（乙醛脫氫酶）數量則取決於個人的基因。

為什麼人體吸收啤酒和葡萄酒比較快，吸收威士忌比較慢？

威士忌的酒精濃度超過 20%，較容易刺激胃壁進而減緩幽門（胃和小腸的連接口）張開的速度。如果一口氣灌下數杯威士忌，你會感覺身體要更久之後才會有反應。

空腹飲酒 VS 飽腹飲酒

空腹喝酒，酒精進入血液的速度比較快，大約只需要三十分鐘。若喝酒前先填飽肚子，酒精被吸收的時間則會延長至九十分鐘。

宿醉的元凶

酒精一旦進入血液，就會優先擴散至人體含水量較高的組織。布滿血管的大腦首當其衝，因此產生惡名昭彰的宿醉頭痛。

喝酒的後遺症

酒精的威力會首先展現在身體的某些部位：

· **心跳與血壓**：只需要一小杯酒精，就能讓心跳加速、血壓升高；相反地，飲酒過量卻會減緩心跳並使血壓偏低。

· **腎臟**：酒精會增加腎臟的負荷，讓人產生頻尿生理需求。

· **皮膚**：與一般人的刻板印象相反，喝酒並不會讓體溫上升，只有皮膚會變熱，那是因為你正在流失體溫。

· **大腦**：酒精會影響大腦某些功能，像是判斷力、反應力跟身體協調平衡的能力。

· **乾渴**：酒精會影響管控身體水平衡的腦下垂體，使身體開始脫水，並出現疲卷、背痛、肩頸痛、頭痛等症狀。

凱莉‧納辛

Carry Nation（1846-1911）

這位鐵娘子不僅撼動了美國威士忌工業，
甚至讓威士忌與烈酒產業屈膝棄甲，酒客亦難逃一劫。

　　凱莉‧納辛的外科醫師丈夫死於酗酒，她將丈夫埋葬之後，開始致力於消滅這個城市裡一切的酗酒行為。她的最終目的是禁止酒類的販售，而她貫徹信念的武器是聖經！這位來自鄉村的「健壯黑衣婦人」比想像中更足智多謀，她不僅打擊酒精，同時也向年輕人、男人、性別歧視者和吸菸族宣戰。她很快就聚集了一批娘子軍，作戰方式以三十人為一組，不分晝夜地在酒吧門前唱聖歌，嚴格實施換班制，絕不讓敵人有喘息的空間。

　　起初消費者和零售商覺得好笑，但久而久之，酒客擔心自己的大名會被登上地方報紙，漸漸遠離酒吧。酒類零售店的生意門可羅雀，只能被迫投降。

　　凱莉還有另一個招牌武器：斧頭！當然不是用來劈開醉漢的腦袋瓜，而是在勝利的時刻一斧將橡木桶開腸破肚，或將酒瓶劈個粉碎！這是她從第二任丈夫取笑她時獲得的靈感。他說：「幹嘛不用斧頭劈個痛快？」凱莉回答：「這是我們結婚以來，你說過最有見地的一句話。」凱莉‧納辛的傳奇形象就此誕生，追隨她理念的英雌也前仆後繼。1874年，基督教婦女戒酒聯盟（WCTU）的會員高達五萬人。

洞悉品酒

每個人對威士忌的感受大不相同,這正是品酒的迷人之處。

品酒是精妙的藝術,需要時間來沉澱體會;一旦食髓知味,其樂無窮!

到底什麼是品酒?

品酒兼具享樂與創造性,能讓人們跳脫窠臼,感受新鮮事物。品酒是私人奇航,不僅讓你領略前所未有的滋味與感動,這全新的感官體驗也將深深鑲刻在你腦海的資料庫中。品酒最困難的部分,是將感受落實為文字。你的內心百感雜陳,無法想像的複雜層次紛至沓來,也因如此,你的心得將會與同桌酒伴迥然不同。每一次品酒都會帶出一段引人入勝的故事,只能靠自己親身領會了。

品酒是大腦的故事

無法把神經科學與威士忌聯想在一起?知名威士忌品牌與學者正攜手研究,想了解大眾對於酒的反應與行為,例如消費者如何記住新奇的氣味?威士忌的包裝、色澤或其他任何因素,對品飲者的感知是否具有決定性影響?這些研究可都是非常慎重其事,沒有在開玩笑的!

品酒是一種學習的過程

回想第一口威士忌的滋味,通常與第一口啤酒或咖啡的滋味一樣,可能不是太愉快的經驗。但為什麼大多數的人最後還是與威士忌墜入愛河呢?隨著時間過去,累積了幾次品酒經驗後,腦海中的滋味與風格數據資料庫能透過每次的品酒,漸漸豐富成形,個人的感知與好惡也會越來越壁壘分明。

 何謂認知神經科學?

認知神經科學指的是探討認知歷程的神經科學,範疇包含知覺、運動機能、言語能力、記憶力、推理能力和情緒。

此類研究也經常求助認知心理學、神經成像、模擬學,甚至神經心理學。

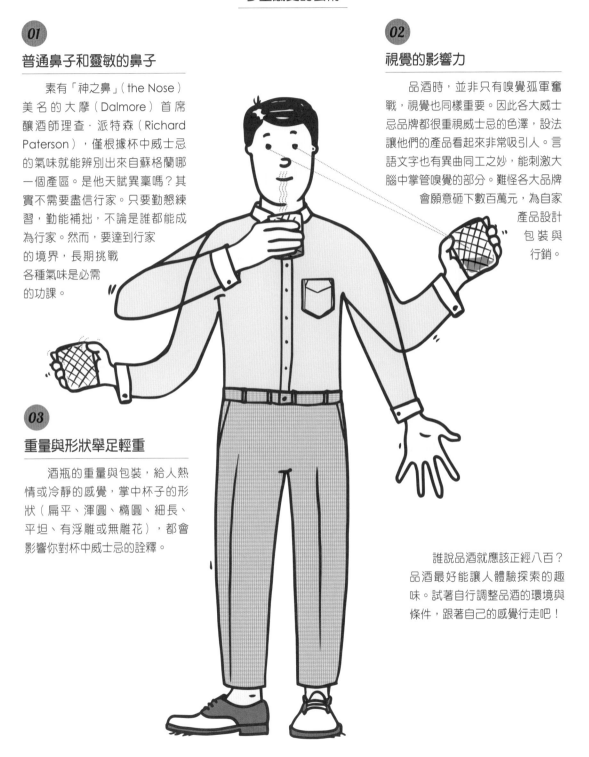

01

普通鼻子和靈敏的鼻子

素有「神之鼻」（the Nose）美名的大摩（Dalmore）首席釀酒師理查·派特森（Richard Paterson），僅根據杯中威士忌的氣味就能辨別出來自蘇格蘭哪一個產區。是他天賦異稟嗎？其實不需要盡信行家。只要勤懇練習，勤能補拙，不論是誰都能成為行家。然而，要達到行家的境界，長期挑戰各種氣味是必需的功課。

02

視覺的影響力

品酒時，並非只有嗅覺孤軍奮戰，視覺也同樣重要。因此各大威士忌品牌都很重視威士忌的色澤，設法讓他們的產品看起來非常吸引人。言語文字也有異曲同工之妙，能刺激大腦中掌管嗅覺的部分。難怪各大品牌會願意砸下數百萬元，為自家產品設計包裝與行銷。

03

重量與形狀舉足輕重

酒瓶的重量與包裝，給人熱情或冷靜的感覺，掌中杯子的形狀（扁平、渾圓、橢圓、細長、平坦、有浮雕或無雕花），都會影響你對杯中威士忌的詮釋。

誰說品酒就應該正經八百？品酒最好能讓人體驗探索的趣味。試著自行調整品酒的環境與條件，跟著自己的感覺行走吧！

挑選適合的酒杯

精心挑選威士忌是一回事，細選適合威士忌的杯子也很重要。
選錯杯子有點像是穿燕尾服搭配釘鞋去參加晚宴，結果絕對比你想像的更糟。

直筒平底杯

　　在電影或影集中出現得太頻繁，以致我們完全忽略了一件事，就是這種杯子其實無法讓威士忌的香氣揮發地淋漓盡致。它比較適合用來享用雞尾酒，聆賞冰塊與杯壁碰撞的悅耳旋律。

鬱金香杯

　　又稱為雪莉酒杯，很容易與葡萄酒杯搞混。沒錯，這杯子原本就是專門品嚐雪莉酒的。杯腹呈現狹長的鬱金香花苞形狀，杯口收緊以便凝聚香氣，高腳造型讓酒體的溫度不至於因手溫而升高。

格蘭凱恩聞香杯

　　由格蘭凱恩水晶（Glencairn Crystal Ltd.）設計，為了讓非威士忌行家束施效顰而發明的專用酒杯。它的底座堅實，寬型杯腹能釋放威士忌的香氣，如鬱金香般收緊的杯口則能讓香氣集中。

 酒杯對於品酒的影響

杯子是用來喝酒的沒錯，但也必須能讓我們的鼻子沉醉於威士忌的香氣之中。

威士忌的風味會因酒杯造型不同而產生變化，所以杯子必須有足夠空間讓鼻子盡情享受威士忌散發的香氣。但是太大的杯子又會讓香氣一下子飄散無蹤，因此收緊的杯口就能幫助鼻子攔截更多層次的香氣。即使是端著杯子的手，在品酒時也無法置身事外。手同樣會向大腦傳遞訊息，無形之中會讓你覺得盛於雕花杯的威士忌，與倒在平滑杯身的威士忌有不一樣的風味。

到底該選什麼杯子好？

多方嘗試，選擇你覺得最樂趣無窮的那一個。如果你覺得用水杯喝威士忌也能自得其樂，那何必將自己侷限於專業行家的酒杯之中呢！

古典杯

這種杯子大多以水晶製成，1840 年被設計出來專門盛裝以干邑、蘇打水與冰塊調和而成的古典雞尾酒（old fashion），並且以此命名。

雙耳小酒杯

平常見到它的機會微乎其微，若你想跟威士忌的發明人使用同樣的杯子，那就非常值得一試。雙耳小酒杯的造型靈感很可能來自扇貝。第一代雙耳小酒杯是以木頭雕成，現在則多是銀製或錫製。

聞香杯蓋

品酒時蓋在杯子上方，用來封存威士忌香氣的玻璃片。傳說是格蘭傑（Glenmorangie）設計出第一個品酒專用的杯蓋，對於視覺也有加分效果。

行銷噱頭

威士忌禮盒裡除了要有酒，杯子也是不可或缺的。有些品牌更無所不用其極，像是百齡罈（Ballantine's）甚至研發「反萬有引力杯」，號稱能在外太空無重力狀態下享用威士忌！

那麼彩色杯呢？

千萬不要用花花綠綠的杯子品酒，別忘了味道也會被視覺影響。請精挑細選一只晶瑩剔透且乾淨的杯子，花俏的有色酒杯就留給沒見過世面的人吧！

酒瓶或醒酒瓶？

電影或電視影集裡的威士忌，好像都會裝在大肚水晶瓶裡。
那是真的能保存威士忌的風味，還是純粹加強視覺效果呢？

醒酒對葡萄酒的好處

　　換瓶醒酒跟換瓶過濾不一樣，請不要搞混了！

　　換瓶醒酒是將酒倒入長頸大肚瓶中，讓酒接觸空氣，通常適用於較年輕的酒。搖動醒酒瓶可以讓酒中成分充分混和，嚐起來更美味。換瓶過濾則是針對年分較老的酒，好去除酒瓶底部的沉澱物。

威士忌是完成品

　　威士忌一旦裝瓶就被視為停止熟成，瓶內佳釀應該要處於最佳狀態。意即十二年的威士忌就會一直是十二年，就算你將它藏在條件絕佳的酒窖裡，放再久也一樣。

醒酒並非必需品

　　威士忌不需要過濾，因為它不會在瓶裡產生沉澱物（除非某些未過濾的威士忌才有可能）。換瓶醒酒的效果對威士忌來說也極為有限，還不如將威士忌直接倒在你的酒杯裡呼吸。這麼做的唯一的好處就是移除了威士忌的標籤，避免過多資訊會讓你在品酒時有先入為主的成見。

如果你非要幫威士忌換瓶呢？

　　若你想效法電影《王者之聲》裡的喬治六世，可以參考下列關於醒酒瓶的建議：

設計感

選一個你喜歡的絕美酒瓶，因為賞心悅目是它唯一的用處。你可以偶爾搖晃一下，聆聽威士忌從瓶中注入酒杯的動聽旋律。

密封性

確保瓶塞周圍有阻絕空氣的密封墊圈，不然就只能眼睜睜看著珍愛的威士忌從瓶縫中蒸發消失。

內容量

注意一下自己買的威士忌容量有多少。有些威士忌一瓶 750 毫升，但很多長頸大肚瓶其實裝不了這麼多酒。

適合耍帥的瓶子

泰勒加大版古典水晶瓶

Ravenscroft Crystal:
Taylor Double Old Fashioned Decanter

萊辛頓方形威士忌瓶

Wine Enthusiast:
Lexington Whiskey Decanter

圓形威士忌瓶

Global Views:
Offset Shape Round Glass Decanter

水晶瓶可能會讓你大失所望

恭喜你終於找到夢寐以求的水晶酒瓶！迫不及待要將珍藏佳釀倒進去了嗎？別
操之過急，你可知道水晶有個缺點，就是含鉛。聽起來對健康似乎不太妙，所
以啟用水晶瓶之前，一定要將它浸泡在酒精溶液中至少七天，讓水晶裡的鉛盡
可能溶出。不過最保險的方式，還是把水晶瓶拿來侍酒就好，而不要用來藏
酒。水晶與威士忌接觸數週之後，溶出的鉛含量有可能會危及健康。

你也可以挑選水晶玻璃製的酒瓶，雖然少了一點魅力，但含鉛量低於百分之二
十，可以立刻直接使用。

挑選水質

到底要在威士忌中加水還是加冰塊？這是最常被討論的眾多問題之一。
怎麼做沒有絕對的對錯，你也可以聽聽看我們的建議。

水之於威士忌的重要性

威士忌在製造過程中多次與水相聚，在第一階段就需要用到大量的熱水，與碎麥芽一起裝在巨大的攪拌槽裡拌成濃漿。

此外，如果你的威士忌酒精度在介於 40-46%，表示在裝瓶前曾加水稀釋，讓威士忌變得比較容易入口。

在威士忌中加水？休想！

某些堅持完美的純粹主義者拒絕在杯子裡添加任何東西，他們認為「純粹」的威士忌才符合蒸餾廠提供的最佳品質，也只有這樣才能辨識出木桶賦予威士忌的所有芳香與滋味。這些人通常不惜引經據典來證明自己是對的，只是很抱歉，這個觀念已經完全過時了。

威士忌加水會發生什麼事？

飲用威士忌時，兌點水總是很不錯的，猶如顯影劑的效果，可以讓威士忌釋放更多香氣，口感也會變得截然不同。建議你一開始先純飲威士忌（用鼻子聞香氣，用嘴巴試口感），之後再兌水，以便觀察加水前後的變化與差別。

最好使用什麼樣的水？

雖然推薦威士忌加水，但並非任何水都適用。尤其絕對不建議自來水，因為其中的氯味會掩蓋甚至改變威士忌的香氣。

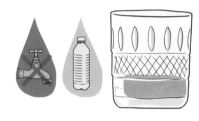

蘇格蘭的某些水源極為純粹清澈，被蒸餾廠用來釀造威士忌，例如斯佩河畔的格蘭利威（Glenlivet）。然而此類佳水難尋，而且價格高昂……酒友們的最佳折衷方案，是街角超商就能買到的富維克礦泉水。

如果我想在威士忌裡加冰塊呢？

加冰塊的效果與加水完全背道而馳，反而會鎖住威士忌的香氣。電影或電視影集裡的企業家最喜歡在他們的古典雞尾酒杯裡加兩顆冰塊，再緩緩倒入威士忌。畫面看起來就像經典海報一樣酷，但其實效果好比把一瓶上好的白葡萄酒放進冰箱，直到忘記它的存在。這樣喝威士忌當然會比較清涼，酒味也不那麼刺激，但是只有在溫度回升的時候，威士忌才會開始綻放全部的獨特香氣。

如果真想加冰塊，那就加在調和式威士忌或某些品質普通的波本威士忌裡，因為它們就是為了與冰塊相遇而誕生的威士忌。

該加多少水？

威士忌該加多少水，很難有一個精準的標準或定義。你可以先試著加幾滴就好，耐心等待幾分鐘，不時搖晃一下杯子，嚐一口，再重複上述動作，直到你覺得稀釋的程度剛好能讓你的鼻子捕捉到最飽滿的香氣，入口時能讓味蕾充滿感動。每個人的鼻子都不同，味蕾也各異，所以就算你必須比其他人多加兩倍的水量才能感受到威士忌的香味，也不要太在意。在專業的品酒會上，行家會將威士忌稀釋到大約 35% 的酒精含量，這是最能釋放多重香氣的平均值。

使用威士忌冰石會有什麼效果？

有些人品酒時會放入威士忌冰石，然而除了蠱惑人心的行銷台詞大力吹噓「來自純淨大地的千年奇石」，冰石並沒有特別明顯的優勢。如果你想飲用冰涼的威士忌，還不如事先將整瓶威士忌直接放入冰箱冷藏數小時。

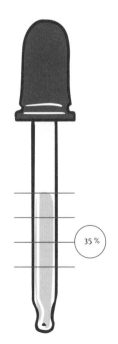

35 %

鑑賞威士忌的三個步驟

所需工具

ISO 標準杯一個
威士忌 20 毫升

地點

找一個讓你感覺舒服的地方，不要太熱，不要太冷，也沒有太多令人分心的吵雜聲音，讓你可以非常安逸地窩在那。就位了嗎？讓我們開始吧！

技巧

要開始品酒的時候，再將威士忌倒入杯子裡。若太早倒酒，很難捕捉最容易揮發的輕盈香味。有些人會在倒了酒的杯子上蓋一個罩子，視覺效果十足，但實際作用有限。

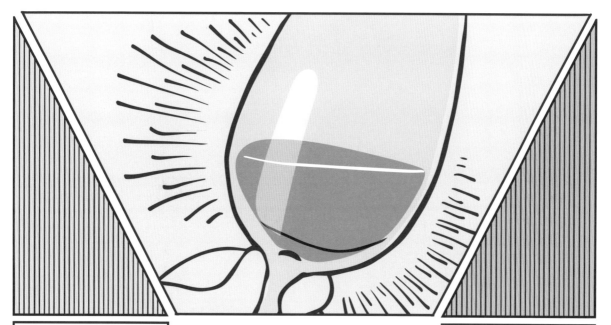

色澤

與威士忌的第一次接觸一定是透過雙眼，但不要完全相信它的色澤。色澤取決於木桶熟成的過程（剛從蒸餾器出來的酒液是透明無色的），然而事實上有很大一部分是裝瓶時添加了染色物質，這已成了市場行銷的必要之惡。

用眼睛觀察

酒淚

輕輕搖晃酒杯，讓威士忌酒液升高再落下，觀察酒淚的密度與間距。從酒淚可以研判熟成橡木桶的種類和威士忌的年分：酒淚淡薄的威士忌比較年輕，酒精度也比較低；醇厚或老年分的威士忌，酒淚則濃重且流淌緩慢。

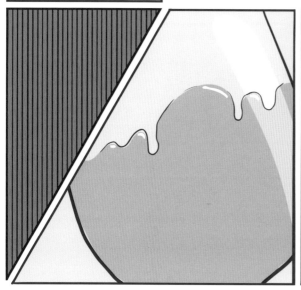

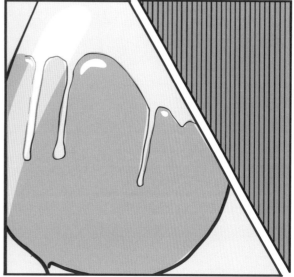

用鼻子嗅聞

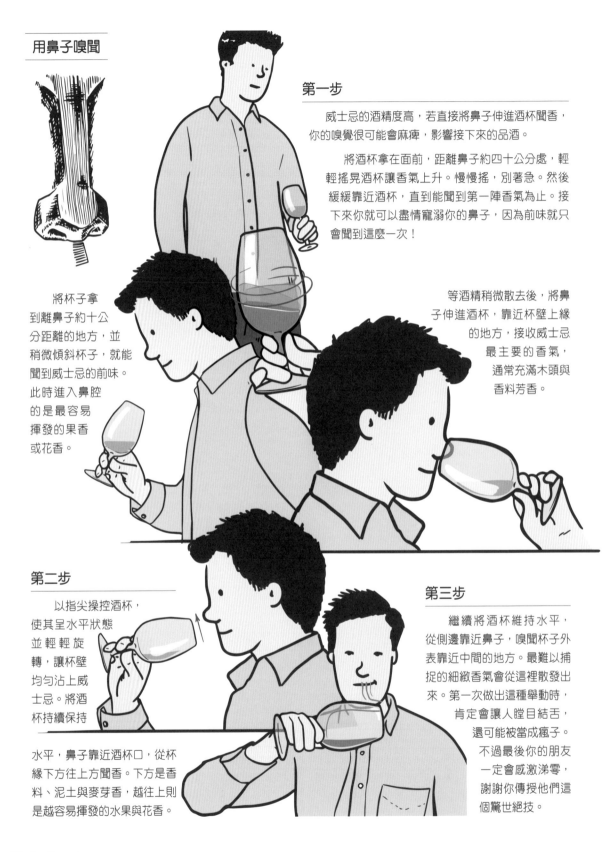

第一步

威士忌的酒精度高，若直接將鼻子伸進酒杯聞香，你的嗅覺很可能會麻痺，影響接下來的品酒。

將酒杯拿在面前，距離鼻子約四十公分處，輕輕搖晃酒杯讓香氣上升。慢慢搖，別著急。然後緩緩靠近酒杯，直到能聞到第一陣香氣為止。接下來你就可以盡情寵溺你的鼻子，因為前味就只會聞到這麼一次！

將杯子拿到離鼻子約十公分距離的地方，並稍微傾斜杯子，就能聞到威士忌的前味。此時進入鼻腔的是最容易揮發的果香或花香。

等酒精稍微散去後，將鼻子伸進酒杯，靠近杯壁上緣的地方，接收威士忌最主要的香氣，通常充滿木頭與香料芳香。

第二步

以指尖操控酒杯，使其呈水平狀態並輕輕旋轉，讓杯壁均勻沾上威士忌。將酒杯持續保持水平，鼻子靠近酒杯口，從杯緣下方往上方聞香。下方是香料、泥土與麥芽香，越往上則是越容易揮發的水果與花香。

第三步

繼續將酒杯維持水平，從側邊靠近鼻子，嗅聞杯子外表靠近中間的地方。最難以捕捉的細緻香氣會從這裡散發出來。第一次做出這種舉動時，肯定會讓人瞠目結舌，還可能被當成瘋子。不過最後你的朋友一定會感激涕零，謝謝你傳授他們這個驚世絕技。

用嘴巴品味

聞香的時候一定讓你直嚥饞涎，恨不得馬上大口灌下香醇的威士忌。千萬別心急，以免搞砸品酒，最後一無所獲。

酒香餘韻

　　最後你應該注意回甘餘韻，就是當你嚥下威士忌後，仍能藉由口腔中殘留的餘味繼續回味威士忌的香醇風味。某些威士忌能夠回味的時間很長，有些很短，我們可依此鑑定威士忌的餘韻。

什麼時候兌水？

　　用鼻子和嘴巴體驗過純粹的威士忌之後，在杯中加幾滴水，然後重複聞香與入口的步驟。某些原本難以捕捉或非常輕微的香氣會在鼻腔與口腔爆發開來。你可以持續加水，重複幾次上述步驟，直到找出最完整豐富的香氣。要當心別加太多水，反而把威士忌溺死了。

　　如果你無法再分辨任何香氣，最好去透透氣或喝口冰水，再重新開始品酒。

入口

　　輕啜一小口威士忌，讓酒液流轉舌頭與口腔的每一個味蕾。你可以在做這個動作的同時試著開口說話。舌頭在此時扮演極其重要的角色，因為舌尖、舌上或舌後的味蕾對酒液的感受截然不同。

鼻後嗅覺

　　當口中的威士忌流入喉嚨，會產生「鼻後嗅覺」，表示香氣從口腔後方進入鼻腔。吞下威士忌的同時，把酒杯放在鼻前聞香，你會察覺威士忌的香氣略微不同。是不是很神奇！

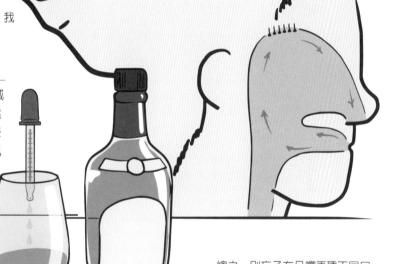

　　總之，別忘了在品嚐兩種不同口感威士忌的空檔，喝水清除味蕾上頭的餘味。

 唾腺的角色

嗅聞威士忌或喝下第一口威士忌時，你的口腔內會不自覺地產生唾液嗎？不要緊張，這很正常，而且會讓你的威士忌喝起來更加美味。酒精與唾液混和之後，會轉化為糖，讓威士忌品嚐起來更為圓潤順口。

品酒時要把威士忌吐掉嗎？

答案眾說紛紜，有人說酒沒入喉無法完整品出威士忌的風味。唯一可以確定的是，你想怎麼做就怎麼做吧！如果你選擇把酒吞下去，記得不要一下品嚐太多瓶威士忌，以免還沒到品酒的尾聲你已不支倒地。

威士忌的千滋百味

威士忌的滋味具有和諧與衝突並存的魅力。味蕾能辨認而且已被歸類的威士忌滋味超過百種，
其香氣的豐富程度在酒類飲料中算是名列前茅。

將氣味歸類

目前尚無公認的氣味索引可供參考，能被清楚測量跟定義的原始氣味也不存在。因為氣味跟物品一樣，可以被感受、學習、記憶，也可以跟另一種感官結合，例如影像或聲音，甚至情感和回憶。再加上文化之間的差異，氣味的歸類著實是個令人想破頭的難題。

從神經科學來看，嗅覺訊號與視覺和聽覺不同，是唯一從神經末梢直通大腦邊緣的感官訊號，但也因此在細節的處理與辨別上需要多一些時間。

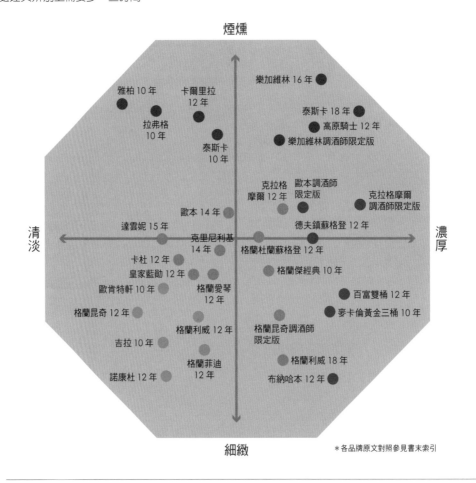

威士忌風味圖表
由英國酒商帝亞吉歐（Diageo）所設計的威士忌風味圖表。
這份圖表猶如指南針，幫助我們在威士忌的香氣叢林中找出方向。

威士忌香氣輪盤

威士忌有超過一百多種香氣，實在令人無所適從。幸好，蘇格蘭眾家威士忌品牌決定共同繪製一張參考圖，由蘇格蘭威士忌研究機構（Scotch Whisky Research Institute）擔負此重責大任。1978 年，由兩位調酒師與兩位化學家聯手，在一年後完成了第一代威士忌香氣輪盤。

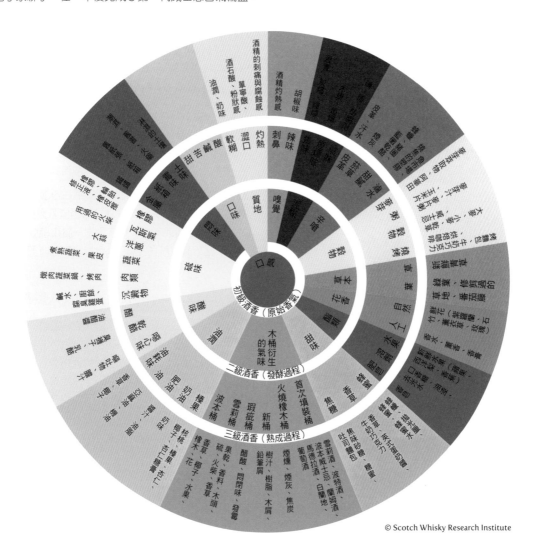

© Scotch Whisky Research Institute

如何使用香氣輪盤？

　　輪盤由三個圓圈組成，分別為初級、二級與三級酒香。最簡單的使用方式是從最外圈的圓盤開始，找出與你杯中威士忌相對應的香氣，再層層往中間對照。另外還有兩個香氣輪盤，是 2000 年後繪製的版本；其中一個輪盤有十種前味，同樣以圖表的格式呈現，並將威士忌的酒精度分成三個等級。如此用心良苦，都是為了在品酒的領域能進一步！

 ｜ 那美國的威士忌呢？

波本威士忌也有專門的香氣輪盤，分成五種主要香氣。

截然不同的威士忌

蘇格蘭威士忌、波本威士忌或裸麥威士忌，每種威士忌都有獨特的釀造方法，
不僅特色各異，風味也大相逕庭。孰優孰劣？這就要看個人好惡囉！

波本威士忌

香味特徵

輕柔，木頭香氣中帶著香草莢的芳香。

特點

- 必須於美國本地釀造。
- 原料必須有百分之五十一是玉米。
- 至少入桶熟成兩年。
- 必須使用全新且經過烤桶程序的美國橡木桶。
- 入桶前的酒精度不能超過 62.5%。

年分

2-8 年
必須在新桶中
熟成至少兩年。

知名品牌

美格
（Maker's Mark）

田納西威士忌

香味特徵

輕柔，帶點木炭風味。

特點

- 必須於田納西州釀造。
- 原料必須有百分之五十一是玉米。
- 至少入桶熟成兩年。
- 必須使用林肯郡過濾法過濾。

年分

2-4 年
至少入桶兩年，
並且以木炭過濾。

知名品牌

傑克丹尼爾
（Jack Daniel's）

林肯郡過濾法（Lincoln County Process）

如同其名稱，這個過濾法的發源地來自美國林肯郡，不過確切發明典故至今依然是
個謎。這個方法的特點是使用楓樹燒製木炭，然後讓酒液一點一滴穿過三公尺高的
木炭堆，需要好幾天才能過濾完成。使用此法過濾的烈酒風味獨樹一幟，口感柔和
輕盈。這道過濾程序也是波本威士忌與田納西威士忌的主要差別所在。

蘇格蘭威士忌

香味特徵
多少帶有些許泥煤味，兼具水果香氣。

特點
· 必須在蘇格蘭本地蒸餾。
· 至少入桶熟成三年。
· 裝瓶時酒精度至少要有 40%。

年分	**知名品牌**
3-30 年或以上 至少蒸餾兩次，在波本桶 或葡萄酒桶中熟成 至少三年。	約翰走路 （Johnnie Walker）

裸麥威士忌

香味特徵
清淡的香料香氣，還有淡淡苦味。

特點
· 必須於美國本地釀造。
· 原料必須有百分之五十一是裸麥。
· 至少入桶熟成兩年。
· 酒精度不能超過 80%。

年分	**知名品牌**
2-10 年 可用新桶或舊桶 熟成至少兩年。	留名溪 （Knob Creek）

加拿大威士忌

香味特徵
有些品牌偏輕淡，有些醇厚，氣味相當善變。

特點
· 至少入桶熟成三年。
· 裝瓶時酒精度至少要有 40%。

年分	**知名品牌**
3-6 年 在新桶或舊桶中 熟成至少三年。	加拿大會所 （Canadian Club）

愛爾蘭威士忌

香味特徵
輕柔，帶有烤過的蜂蜜味。

特點
· 必須在愛爾蘭本地蒸餾。
· 至少入桶熟成三年。
· 酒精度不能超過 47.4%。

年分	**知名品牌**
3-12 年 在波本桶或葡萄酒桶中 熟成至少三年。	尊美醇 （Jameson）

品酒紀錄表

你是否也有這種經驗？在享用美酒時欣喜若狂，卻又因無法再次回味而黯然神傷？
品酒紀錄表的目的就是讓你捕捉感動的霎那。雖然編纂紀錄要花點時間，
卻能幫助你延續品酒時的感動，使樂趣加倍。

初學者

除了感動，新手品酒需要專注力，所以不要再用複雜的表格讓品酒變得更複雜，只要能立即記下喜歡或不喜歡的部分就好，例如「煙燻味很嗆鼻」、「入口柔和」或「色澤清澈」。

不需要使用太拗口的詞彙，以免事後連自己也搞不懂，紀錄請盡量簡明扼要。不需要受其他人影響，就算酒友說他聞到「煮熟的蘋果或桃子香味」，但是你並沒有聞到，那就不需要記錄。

或者你可以準備一張簡單的評分表，上面有 1 到 10 的數字讓你圈選，或簡單用星號的數量來算分數。

新手常見錯誤

- 只記錄蒸餾廠的名字：事後可能會找不到威士忌的確切名字，因為每個蒸餾廠平均有超過十個以上的威士忌品牌。

- 下筆太快，字跡潦草：結果就是無法解讀自己的鬼畫符。

- 太慢記錄：要不是將不同的品牌混為一談，要不就是忘個精光，一個字也寫不出來。

- 沒有記錄買酒地點：下次想再買同一瓶酒，可能會是一場硬仗。

- 進行太快：品酒過程越慢越好，才能感受到更多香氣，並詳細記下感動。

- 沒有複習先前的品酒紀錄：如果紀錄只是為了放著沾灰塵，還不如拿竹籃去打水。

___/___/___

酒廠 / 品牌 / 序號：

名稱：

購買地點：

我喜愛的：

我不愛的：

評分：　　　　　 / 10

新手的威士忌品飲紀錄表

學會擁抱驚喜

同一瓶威士忌在不同時間品嚐，可能會有不同的感受，所以不同時間的品酒紀錄表當然也不會完全相同。就算這樣也不用緊張，品酒時的心情還有你當時的狀況，都會改變威士忌的滋味。別忘記品酒的初衷是盡情地探索杯中的威士忌，領略它所包含的一切美好。

進階版

當你對品酒已經駕輕就熟，可以將你的紀錄做得更鉅細靡遺。
體會越深刻，紀錄也會加倍精彩。
下列參考表格雖然簡單，卻已完整囊括所有該有的基本項目。

/ /	色澤	滋味

酒廠 / 品牌：

名稱：

購買地點：

年分：

酒精濃度：

聞香感受：

口中餘韻：

尾韻：

滋味

香料味
1 2 3 4

碘味
1 2 3 4

泥煤味
1 2 3 4

木質香
1 2 3 4

花香
1 2 3 4

果香
1 2 3 4

如何處理品酒紀錄表？

可以按照不同主旨，仔細分門別類歸檔。

地區	威士忌種類	按照字母排序	按照年代排序	按照味道
	調和式威士忌分一堆，單一麥芽威士忌分一堆。	單一麥芽威士忌按照蒸餾廠名稱，調和式威士忌按照品牌名稱。	需要過人的記憶力，才能從中找到所需的資料。	很喜歡、有點喜歡、一點都不喜歡；依照個人喜好分類，讓你方便重溫愛上威士忌的理由。

別忘了做一張摘要索引，方便查找。

高手版

專精程度幾乎是科學宅男等級的表格，如果你有語言純化的癖好，肯定會分析得很開心。

```
┌─────────────┐
│   /  /      │
└─────────────┘
```

酒廠 / 品牌：　　　　　　　　酒精濃度：

名稱：　　　　　　　　　　　價格：

購買地點：　　　　　　　　　其他資訊：

年分：

蒸餾日期：　　　　　　　　　品飲杯數：

色澤

聞香感受

前味的強度：　　／ 10　評語：

■輕柔　　■煙燻　　■甘甜　　■雪莉酒　　■酸味

■葡萄酒　　　　■蔬菜泥　■麥芽
■酒精　　　　　■粥　　　■酵母　■麵粉
■天然甜葡萄酒
■巧克力　　　　　穀物香
■堅果
■油　　　　　　　　　　　　　　　　　■果乾
　　　　　　　　　　　　　　　　　　　■煮熟水果
酒香　　　　　　　　　　　　　　　　■新鮮水果
　　　　　　　　　　　　果香　　　　■檸檬酸
　　　　　　　　　　　　　　　　　　■溶劑（去光水）

木質味　　　　　　　　　　　　　　■香水
■舊木頭　　　　　　　　　　　花香　■草地
■新木頭　　　　　　　　　　　　　　■樹木
■燒烤　　　　　　　　　　　　　　　■乾草飼料
■香料
■香草　　　硫味　　　　　　　泥煤味
　　　　　■硫　　　　　　　■藥水味
　　　　　■砂礫　　　　　　■濃縮鹽水
　　　　　■橡膠　　　　　　■苔蘚
　　　　　■沉澱物　　　　　■燻煙
　　　　　　　　刺激氣味
　　　　　　　　■塑膠
　　　　　　　　■皮革　　■蜂蜜
　　　　　　　　■菸草　　■奶油

評語：

口中餘韻

口感
■鹹　　■酸
■甜　　■苦
■油膩

質地
■不甜　　■奶味
■清淡　　■圓潤
■油膩

味蕾感受
■油膩　　■豐富
■乾爽　　■均衡
■單純　　■複雜

　　　　　　　　■蔬菜泥　■麥芽
　　　　　　　　■粥　　　■酵母　■麵粉
　　　　　　　　　穀物香
■葡萄酒　　　■巧克力
■酒精　　　　■堅果　　　　　　　　■果乾
■天然甜　　　■油　　　　　　　　　■煮熟水果
葡萄酒　　　　　　　　　　　　　　　■新鮮水果
　　　　酒香　　　　　　　　　　　■檸檬酸
　　　　　　　　　　　　果香　　　■溶劑（去光水）

木質味　　　　　　　　　　　　　■香水
■舊木頭　　　　　　　　　　花香　■草地
■新木頭　　　　　　　　　　　　　■樹木
■燒烤　　　　　　　　　　　　　　■乾草飼料
■香料
■香草　　　硫味　　　　　　泥煤味
　　　　■硫　　　　　　　■藥水味
　　　　■砂礫　　　　　　■濃縮鹽水
　　　　■橡膠　　　　　　■苔蘚
　　　　■沉澱物　　　　　■燻煙
　　　　　　刺激氣味
　　　　　　■塑膠
　　　　　　■皮革　　■蜂蜜
　　　　　　■菸草　　■奶油

評語：

尾韻

口中延續的酒香韻味

極短　　　短　　　一般　　　長　　　極長

鼻後嗅覺

■不甜　■麥芽味　■煙燻味　■濃烈　■糖漿味　■油膩

平衡：（描述聞香、入口以及尾韻之間的均衡度）

評語：

威廉·皮爾森

William Pearson（1761-1844）

美國除了波本威士忌，還有傑出的田納西威士忌。
這全都要歸功於這個男人：暱稱「比利」的威廉·皮爾森。

故事要從他的母親塔碧莎·傑蔻克斯（Tabitha Jacoks）說起，她將以玉米為原料的家傳威士忌祕方傳給了皮爾森。家傳威士忌滋味絕妙的祕密，就是獨一無二的過濾法——以楓樹木炭過濾酒液，並置於橡木桶中熟成。

如果這祕方一直是不外傳的家族食譜，那故事就說不下去了。有一天，皮爾森的馬被偷了，他氣不過，於是買了把手槍，準備去跟小偷好好「講道理」。一衝動成千古恨，他的劣行無法被所屬的貴格會接受，因而被逐出教會。

皮爾森與妻兒流浪到浸信會的社區，但浸信會不准他釀造威士忌，於是他又跟教會槓上。他執意釀造威士忌，結果再一次被驅逐。

後來他打算遷居至田納西州，但妻子不願繼續夫唱婦隨。兩人離異後，四名年紀較大的孩子跟著他到了田納西，留下四名幼兒跟著母親。

皮爾森在林奇堡（Lynchburg）附近安頓下來，成為眾議員大衛·克拉克（Davy Crockett）的鄰居。他將家傳威士忌祕方賣給了一個名叫阿爾佛雷德·伊頓（Alfred Eaton）的男人，但對方只是紙上談兵，並未真的動手釀造。這男人後來將祕方轉賣給某個蒸餾廠，就是今日舉世聞名的傑克丹尼爾（Jack Daniel's），這種特殊的過濾法也因此而被發揚光大。

品酒會尾聲

你已經近距離觀察、嗅聞過威士忌，鼻子伸進杯中聞香氣，喝過美酒也再三回味……
品酒會已經接近尾聲，然而酒杯空了不代表就可以立刻上床睡覺喔！

與酒友交換心得

本書一直不厭其煩地再三強調：品酒是分享的時刻。品酒會的尾聲正好可以彼此交換對於威士忌的感想，分享自己偏好哪一瓶酒以及喜歡的原因。或是拍照存檔，以後要找到讓你一見鍾情的威士忌就容易多了。

最後再聞一次空酒杯

這倒是個不用馬上洗杯子的好藉口！此時杯底殘存的威士忌雖然有點乾涸，但仍然散發著香氣，若將其棄置一旁就太可惜了。即使品酒過後幾個小時，還是可以聞到殘存的香氣。全世界泥煤味最重的奧特摩（Octomore）威士忌留在杯底的酒漬，經過數月仍能隱隱含香……這絕對沒有誇張！

如何清洗酒杯？

有些人會建議你用熱水清洗，以免肥皂味沾附在酒杯上。然而這個方法有個問題，就是洗得不夠乾淨，長期下來容易在杯上殘留油脂和汙漬。

最好的方式是用手洗杯子，可以加一點清潔劑，但一定要非常仔細地沖乾淨。然後用乾淨的布將杯子擦乾，避免留下水漬。別用潮濕的桌巾來擦杯子，不然日後會留下霉味。

杯子如何收納？

將杯子放在櫥櫃裡，頭朝上擺放。杯口朝下底朝上的話，可能會套住櫥櫃的氣味，下次品酒就泡湯了。也不要將杯子放在紙箱中，這麼做同樣會讓杯子沾附怪味。

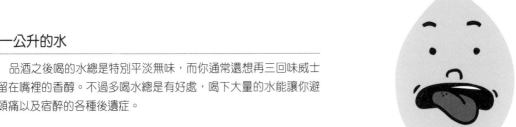

酒廠 / 品牌 / 序號：　　　　　　酒廠 / 品牌 / 序號：　　　　　　酒廠 / 品牌 / 序號：
名稱：　　　　　　　　　　　　名稱：　　　　　　　　　　　　名稱：
購買地點：　　　　　　　　　　購買地點：　　　　　　　　　　購買地點：
我喜愛的：　　　　　　　　　　我喜愛的：　　　　　　　　　　我喜愛的：

我不愛的：　　　　　　　　　　我不愛的：　　　　　　　　　　我不愛的：

評分：　 / 10　　　　　　　　評分：　 / 10　　　　　　　　評分：　 / 10

仔細存放品酒紀錄表

　　「我累了，晚點再說吧！」這是每個人都會用的藉口，也是最容易把一切都搞混的做法。所以，打起精神來吧，盡可能以輕鬆拿取為收納原則，只要每次有收好，就不怕下次找不到了。

確認威士忌庫存

　　檢查每個酒瓶內還剩下多少威士忌，確保下一次品酒不會沒酒喝。如果剩下不到三分之一瓶，就把酒瓶往前放，以便能盡快喝完。不然就換到比較小的瓶子裡，盡量減少酒液接觸空氣。

喝一公升的水

　　品酒之後喝的水總是特別平淡無味，而你通常還想再三回味威士忌留在嘴裡的香醇。不過多喝水總是有好處，喝下大量的水能讓你避免頭痛以及宿醉的各種後遺症。

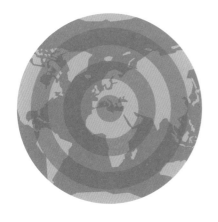

準備下次品酒會

　　經歷了一次賓主盡歡的品酒會之後，透過意見分享，可以事先安排下次希望品嚐的威士忌種類。你可以借用帝亞吉歐的圖表（參考第82頁），找出相對應或對立的威士忌。

搭計程車回家！

　　酒後開車……通常不會有太好的下場！而且讓別人接送總是比較愜意，你可以在車上繼續回味蘇格蘭、美國或日本的威士忌之旅。

預防及治療宿醉

每次品酒，一定會有人問這個問題：「怎樣才能不宿醉？」

頭痛、噁心、疲倦、腹痛、抽筋……都是飲酒宿醉的經典後遺症。

為什麼會變成這樣呢？因為酒精雖然是液體，卻會讓你的身體脫水！

01

品酒進行到一半
趁著空檔喝杯水

毫無疑問地，這是預防（當晚或隔天）宿醉的最佳辦法，可以緩和酒精引起的脫水作用。

02

當晚睡覺前
喝一公升的水

即使在品酒的空檔已經喝了水，睡前還是要喝水，補充身體的水分。床邊最好擺一瓶水，因為睡前喝酒會讓人變得比較淺眠。

03

隔日早晨
補充維生素跟鋅

補充果蔬不但有益健康，還能補充為了消化酒精而消耗的維生素。如果你嗜吃生蠔，它的鋅含量能讓你迅速恢復元氣。高貴不貴的黑蘿蔔則能讓你最好的朋友——肝臟——再度打起精神，努力工作！

 喬治爺爺的宿醉祕方

自製的新鮮果汁不僅富含維生素 A 與維生素 C，還有礦物質和水。
在果汁機裡放入：

- 剝皮柳橙 1 顆
- 削皮奇異果 1 顆
- 香蕉 1/2 條
- 萊姆 1/2 顆
- 哈密瓜 1/2 顆或西瓜 1/4 顆
- 小黃瓜 1/2 條

攪打成果汁，倒入大杯子，再加點冰塊即可享用。

賽吉·甘斯柏的宿醉祕方

法國音樂教父賽吉·甘斯柏（Serge Gainsbourg）是乙醇的重度愛好者，傳說他治療宿醉的祕方是一帖血腥瑪麗，一種以伏特加為基酒的知名調酒。

做法並不難，在一個大杯子裡放入三分之一伏特加，三分之二番茄汁，一些檸檬汁和幾滴塔巴斯可辣椒醬（Tabasco）就完成了。

04

翌日一整天
持續補充水分

如果水喝膩了，試著換喝湯或花草茶飲，但不建議喝咖啡。吃的方面，請優先選擇富含維生素的食物，例如香蕉或柳橙。萬一肚子痛怎麼辦？可以喝一杯加了一小匙小蘇打粉的水。

日本人解宿醉的方法

如果你在日本喝醉了，人們可能會推薦你喝一杯加了薑黃的飲料。薑黃在西方通常做為香料，被認為有抗氧化與抗發炎的功效。若是心血來潮，你也可以試試日本販售的幾種神奇解酒藥，有西瓜口味、甘草口味，甚至蛤蠣（蜆）口味！

05

翌日晚上
（針對勇氣可嘉的人）

正所謂以毒攻毒，跟朋友相約吃飯時可以喝幾杯餐前酒。不過當心不要喝到隔天症狀又捲土重來⋯⋯

威士忌俱樂部

雖然品酒俱樂部的形象通常與穿著蘇格蘭短裙的諄諄長者分不開，
但不失為一個能精進威士忌學問的好所在。

如何選擇與你合拍的威士忌俱樂部？

根據成員的程度：選擇威士忌俱樂部不僅要考慮距離遠近和交通問題，也要打聽會員的程度，詢問是否接受新手入會等。以免一開始興致勃勃地，卻在參加第一場品酒會後就倒盡胃口，忙不迭抽身退會。

根據品酒會推薦的酒單：有些俱樂部的特色是品酒時只挑選少見的威士忌。極端一點的俱樂部甚至只喝俱樂部自己裝瓶的威士忌，偶爾還有庫存可以出售。

喬治爺爺小建議：
國際烈酒大展（Whisky Live）

這個展覽已連續舉行十三年，是全球規模最大的烈酒展，在上海、紐約、巴黎、倫敦等各大城市都有舉辦，聚集超過一百六十多個烈酒品牌，從波本威士忌到限量版威士忌應有盡有。展覽活動包括品酒、大師教學和雞尾酒教學，是威士忌愛好者絕對不能向隅的盛會！

喬治爺爺說故事：威士忌阿哥哥（Whisky a Go Go）

這裡介紹的不是品酒俱樂部，而是一間位於西好萊塢的夜店，於 1964 年開幕，店名取自巴黎的一家同名舞廳。二次大戰後，美國海軍時常聚集在巴黎的威士忌阿哥哥飲酒作樂，後來更把這股風氣帶回美國加州。滾石合唱團的暢銷單曲《Going to a Go-Go》就是指這間夜店。吉姆‧莫里森（Jim Morrison）與門戶樂團（The Doors）都曾在此登台表演。然而樹大招風，警察當局上門關切，並以引導年輕人誤入歧途為由，要求夜店改名換姓……如今夜店仍在，但早已風光不再了。

蘇格蘭麥芽威士忌協會（Scotch Malt Whisky Society）

　　全球最大的威士忌愛好者俱樂部，1983 年於愛丁堡成立，世界各地的成員超過三萬名。俱樂部提供的品酒佳釀幾乎囊括蘇格蘭每一個蒸餾廠。協會的選酒行家在品酒會結束後，會直接向蒸餾廠購買整桶原酒，自行裝瓶並貼上「蘇格蘭麥芽威士忌協會」的酒標，只出售給會員。協會曾歷經幾次財政困難，最後由格蘭傑（Glenmorangie）收購，再轉賣給私人投資集團。原本入會制度為推薦制，但近年來改採較彈性開放的制度，繳交會費一百歐元即可入會。

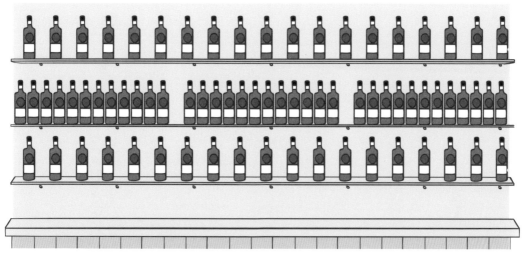

私人威士忌協會（Private Whisky Society）

　　這間專門供應自宅品飲的俱樂部為法國威士忌界帶來煥然一新的氣象，主要的服務項目有兩種：

・讓你在家即能收到試喝威士忌（五個迷你瓶），你可以參考網路資訊或品酒評鑑書籍的建議，在家從容自在地進行一人品酒會。

・如果你希望與好友一同品酒，協會將派遣經驗豐富的「教練」協助你在家舉辦品酒會。

　　私人威士忌協會讓品酒變得更平易近人，也能讓你像大師般獨當一面，甚至成立自己的品酒俱樂部！

N⁻3

選購威士忌有竅門

如何選購一瓶適合自己的威士忌？面對琳瑯滿目的品牌與五花八門的指南，應該很容易就方寸大亂吧！只要照著本章節提出的幾個標準，擬定策略，用不著解除銀行的定存，你也能輕而易舉地打造人人豔羨的私人酒櫃。

什麼場合喝什麼威士忌

享用威士忌的時機與場合，必定會左右你對威士忌的渴望。
以下列舉一些假設情境，順便推薦你選擇威士忌的基本原則。

夜店狂歡買醉

　　絕對不要在這裡浪費蘇格蘭單一麥芽威士忌，還不如來杯所謂的「解渴威士忌」，也就是肯塔基的波本威士忌或蘇格蘭調和式威士忌，加入冰塊一起享用。在這個情境下，重要的是價格，而不是品牌。因為你會將注意力集中在周遭的人事物，忽略了來自手中酒杯的芳香。

調杯雞尾酒展手藝

　　快將錯誤觀念拋諸腦後，絕不要用低廉的威士忌來調酒。原料不好，調出來的飲料當然也會很可怕。但你也別隨便拿一瓶威士忌就來調酒，泥煤味太重的威士忌將會搶去其他配角的風采，甜味太重的威士忌則會失去味覺上的平衡。建議你可以使用蘇格蘭或日本的調和式威士忌、美國的美格（Makers Mark）威士忌，或是美國的裸麥威士忌，預算拿捏在一瓶三十至四十歐元之間。

下班小酌消除疲勞

　　每個人都有鍾情的威士忌，然而隨著消費市場成長，選擇變多，見異思遷的機會大增。尤其是當喜愛的威士忌價格飆漲或已成絕響，也只能被迫見異思遷。面對這個問題，有以下兩個解決辦法：

・一瓶可以加冰塊的波本威士忌。

・一瓶蘇格蘭無年分威士忌（NAS）：至少不會像年分威士忌一樣越來越少，甚至絕版。

餐前酒、佐餐酒、餐後酒

威士忌長久以來被流放到餐前酒的絕域，如今扳回一城。除了當餐前開胃酒，威士忌也很適合佐餐，其高酒精度也可以做為飯後消化酒。如果你喜愛抽雪茄，除了可以來杯眾所皆知的蘭姆酒，威士忌與雪茄更是絕配。

和討厭的敵人同桌

你有三條路：第一，無預警地給他倒一杯 65% 的原桶強度威士忌，超高的酒精度一定會讓他眼角不爭氣地流下眼淚。不過若他是威士忌行家，可能會適得其反地投其所好。

或是給他一杯印度威士忌；印度當然有很棒的威士忌，但這裡建議的是那種糖水釀的劣質烈酒。最後一招是到超市挑一瓶十五歐元以下的威士忌，低於這個價格門檻的好喝威士忌，真的打著燈籠都找不到！

討好枕邊人父母

你可以選一支異國風情威士忌，例如坦尚尼亞、冰島、瑞典，保證讓他們感覺新奇，宛若一秒飛到地球另一端。你也可以從他們最愛的品牌中找一支限定版或限量版威士忌，不過這樣你就得辛苦點，走訪各大威士忌專賣店，瀏覽各大威士忌網站，甚至到各大拍賣會碰碰運氣了。

如果你沒有打算跟岳父岳母大人打好關係，那麼請參考上一則建議。

緬懷美好假期

你渴望航行遠遊，重覓當年陽光下那杯餐前酒的滋味。那麼你是到哪裡度假呢？如果是在法國，恭喜你，法國很多地區都有蒸餾廠（布列塔尼、諾曼第、洛林、香檳區……）。若是運氣好，你是去威士忌大國旅遊（英國、美國、日本），很容易就能重溫當年滋味。若是到其他國家，挑幾支異國威士忌也是可以湊合湊合。

解讀威士忌酒標

和你以為的正好相反，選購威士忌時需要詳細參閱的並不是外盒包裝上的文字。
威士忌瓶身上的酒標，才是你唯一必須鉅細靡遺研讀的參考資料。

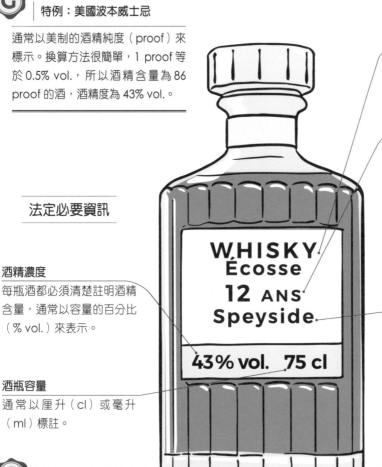

 特例：美國波本威士忌

通常以美制的酒精純度（proof）來標示。換算方法很簡單，1 proof 等於 0.5% vol.，所以酒精含量為 86 proof 的酒，酒精度為 43% vol.。

選擇性資訊

名稱

單一麥芽威士忌會標明蒸餾廠，調和式威士忌則會註明品牌的名稱。

年分

酒標上的年分必須是酒瓶中最年輕的威士忌年分。例如標明十二年的威士忌，瓶裡不僅有十二年的威士忌，可能還有更陳年的威士忌。因為老威士忌不僅能讓酒體結構更完整，也能讓消費者想起品牌一脈相承的獨特風味。

地理標示

「蘇格蘭威士忌」當然保證是在蘇格蘭釀造與裝瓶，「田納西威士忌」則代表在美國田納西州生產。蘇格蘭單一麥芽威士忌則必須標註來源產區（斯佩河畔、高地區、低地區、坎培爾鎮或艾雷島）。

法定必要資訊

酒精濃度

每瓶酒都必須清楚註明酒精含量，通常以容量的百分比（% vol.）來表示。

酒瓶容量

通常以厘升（cl）或毫升（ml）標註。

WHISKY Écosse 12 ANS Speyside

43% vol.　75 cl

無年分威士忌當道

如果你的威士忌包裝上沒有標示年分，並不是印錯了，而是一瓶「無年分威士忌」（NAS）。這表示威士忌不想透露它的芳齡。原因何在？隨著全球威士忌消費量激增，窖藏的陳年美酒逐漸銷售殆盡，迫使蒸餾廠不得不將年輕威士忌與老威士忌調和在一起。然而瓶身上必須標註瓶中最年輕的威士忌年分，假設是五年好了，這樣一來就變得有點可惜，因為也許瓶子裡有百分之八十是更陳年的威士忌。年分威士忌似乎成了奢侈品，無年分威士忌也就成了市場常態。這促使蒸餾廠必須另闢蹊徑，聘用釀酒與熟成方面的專家來為酒廠的不凡佳釀背書。無年分威士忌會比年分威士忌遜色嗎？那可不一定！艾雷島跟日本有幾款無年分威士忌，表現甚至比同年分的威士忌更亮眼。當然，這得取決於蒸餾廠的技術了。

酒標上的常見資訊

原桶強度（cask strength）

表示威士忌裝瓶時並未加水稀釋，酒精含量超過百分之五十，而且通常會標明原桶的桶號。

小批次生產（small batch）

挑選出數個熟成期的酒桶（兩、三個到十多個都有可能）調和而成的限量威士忌，目的是為了彰顯每一批威士忌的獨特性。這種做法在美國相當普遍。

單一酒桶（single cask）

表示這瓶威士忌是從單一酒桶裝瓶，通常會詳細標明原桶的桶號以及裝瓶日期。

04

自然色澤（natural color）

表示未添加任何增色物質，是純粹的木桶色澤。

05

過桶（finish）

若標示 finish 或 double 字樣，表示威士忌熟成結束後又換桶熟成（例如雪莉桶或波本桶），以添加不同桶型的風味。

首次裝填桶（first fill）

表示使用首次填裝的波本桶或雪莉桶熟成，得到的威士忌香氣較重，顏色也較深（通常也較貴，尤其是雪莉桶）。

何處選購威士忌？

買威士忌不難，難的是買到價廉物美的威士忌。

超市尋寶

通常賣場裡會有一櫃滿到掉出來的威士忌，雖然絕大部分是其名不揚的調和式威士忌，但也有價格相當有競爭力的精彩品項。有研究指出，若老公在推車裡放了一瓶威士忌犒賞自己，那麼老婆就會理直氣壯地買另一樣東西來犒賞自己。所以各大小超市的銷售政策，就是降低威士忌的售價。

威士忌市集

與葡萄酒市集同理，超市也會舉辦烈酒市集，而威士忌當然是要角。雖然會有折扣，但還是要小心，別閉著眼睛亂買。這種市集通常是行銷導向，產品品質並非重點。

網海漫遊

網路上什麼都買得到，當然也包括威士忌。從難以入喉的劣質威士忌，到稀罕的名貴佳釀應有盡有。假設你不趕時間，網路就是最佳酒窖，甚至有機會找到市面上幾乎銷聲匿跡的威士忌。

推薦網站

CDISCOUNT.FR
別期待會有良心推薦，不過在這可以找到價格漂亮的威士忌（有些甚至比市售便宜三成）和稀有威士忌。

UISUKI.COM
包羅萬象、任君挑選的日本威士忌網站，而且只有日本威士忌。網站內容不只提供非常實用的選酒建議，也有不少旅遊資訊。

WHISKY.FR
威士忌之家（Maison du Whisky）的官網，可說是目前資訊最齊全的威士忌法文網站，站內的搜尋引擎還能設定喜好來幫你挑酒。

法國超市常見的威士忌

拉弗格單一麥芽 10 年威士忌（帶泥煤味）
LAPHROAIG
Islay Single Malt

格蘭菲迪斯佩河畔經典款 12 年威士忌
GLENFIDDICH
Classic Speyside

亞伯樂雪莉桶 12 年威士忌
ABERLOUR
Sherry cask

行家專賣店

術業有專攻的店主往往能扭轉你對威士忌的看法。他傾注於威士忌的熱情與知識，不僅能讓你對威士忌的認知更完整，甚至帶你亦步亦趨地深入不可思議的威士忌世界。

如何分辨有良心的店主？

光用看的當然很難辨別，但從以下幾個關鍵可以知道眼前這位是否有真材實料。

好的店主會這樣問你：

・是要自己喝還是送人？
・送禮的對象喜歡泥煤味嗎？
・你的預算大約一瓶多少錢？

通常店內會備有幾支已開瓶的威士忌提供品嚐。如果要確定你選購的威士忌是否符合自己的口味，還有什麼比試飲更好的方式？

他會熱情十足地與你談論威士忌或蒸餾廠。真正了解產品的人，一定不會吝嗇與你分享產品的獨特之處。

他會雙眼發亮地跟你分享品酒經驗，但絕不會強迫你購買威士忌。

 店面大小很重要嗎？

很多專賣店內的陳列酒架一個比一個大，可供選擇的威士忌品項多如牛毛。但與其找一個以量取勝的專賣店，不如先考慮量少質精、售有多款特色迥異威士忌的小而美專賣店。

打造個人酒櫃

收藏威士忌除了要符合自己的口味,當然也要斟酌荷包。

不管選購那一款酒,最好都能試飲一番再出手,以免買回家之後又後悔。

擬定計畫

別緊張,買酒不需足智多謀,只要合情合理即可。你可以有兩個方向,一是了解自己的喜好,選購與你鍾情的威士忌風味相似的產品,來充實你的收藏。最簡單的做法就是去熟悉的專賣店,請店主給些參考資料或是建議。

若你想收集各式各樣的代表性威士忌,可依照右列分類選項:

斯佩河畔區經典款

泥煤威士忌

雪莉桶威士忌

波本威士忌

其他產地的威士忌(例如印度或澳洲)

超市掃貨

超市不會給你深思熟慮的建議,也不可能讓你試喝再購買,當然也沒有太多稀奇的酒款。架上有的是幾瓶價廉物美的威士忌,等待伯樂賞識。如果你是新手,可以參考以下幾個建議酒款。

單一麥芽威士忌

拉弗格 10 年	格蘭菲迪 12 年	亞伯樂 12 年	泰斯卡 10 年
Laphroaig	Glenfiddich	Aberlour	Talisker

調合式威士忌

約翰走路黑標	百齡罈 17 年
Johnnie Walker Black Label	Ballantine's

酒窖請益

　　想買到不錯的威士忌，真的不需要解除銀行定存，但要有平均一瓶五十歐元的預算，例如格蘭多納（Glendronach）12年、百樂門（Benromach）10年，或是拉弗格四分之一桶威士忌（Lahroaig Quarter cask）。

用來調酒的威士忌

　　別忘了準備一瓶適合調酒的威士忌，避免把自己喜歡的天價單一麥芽威士忌倒到雪克杯裡……即使是調酒，還是要挑一瓶不錯的威士忌，這時候來瓶波本或調和式威士忌就綽綽有餘了。

酒櫃裡的噩夢

　　每個人的酒櫃裡都會有一瓶不怎麼好喝的威士忌，可能是朋友送的，也許是自己某次的失策。總之，一想到要喝這瓶威士忌，就會讓你起雞皮疙瘩。有一個辦法可以讓這瓶原本該被丟到垃圾筒的威士忌起死回生，就是用來研發你獨門的調和式威士忌。

　　不過千萬要注意，在你能夠向朋友現寶前，通常要經歷至少兩次的失敗。這項實驗沒有萬無一失的成功比例可以依循，完全要靠你自己的味覺。

　　請遵循以下四個關鍵步驟：

02
參考以下比例：噩夢威士忌 2/3，好喝威士忌 1/3。萬一調製失敗，必須全部扔掉重調，損失也比較小。

03
調製的分量永遠控制在一杯以內。

01
將噩夢威士忌與至少另外兩種威士忌混和。

04
將混和完畢的調和式威士忌放在玻璃容器內封存數小時。

威士忌試飲套組

　　口袋不夠深，又希望能在出手購買前先確認是否符合自己的口味？有一個好方法：買一套試管裝威士忌（一支試管大約是兩杯的量）。很多品牌都開始進攻這塊市場，不失為一條尋找天作之合威士忌的捷徑。

如何存放威士忌？

和所有酒精飲品一樣，存放威士忌也有一些特定規則。
只要切實遵守這些原則，你啜飲的每一口威士忌將會更香醇醉人。

存放威士忌跟存放葡萄酒一樣嗎？

你可以把威士忌跟葡萄酒一樣平放，不過效果應該
沒什麼差。我們都知道存放葡萄酒最好讓它躺平，甚至
在適當的溫度下保存一段時間，美酒會變得更香醇。然
而一旦開瓶，葡萄酒在二十四小時內就嗚呼哀哉了。威
士忌則完全不是這麼一回事，你入手的威士忌已經是完
全成熟的成品，十五年分就會一直是十五年分，並不會
因為你將它存放在酒櫃裡十年就變成二十五年分。

溫度控制

存放威士忌不需要特別的酒窖，不論是已開瓶或
未開瓶的威士忌，存放在大約 20℃的室溫就很完美了
（前提是環境溫度不會劇烈變化）。

時間長短

如果你的威士忌未開封，存放環境也很適當，那
你可以高枕無憂至少十來年沒問題。要小心的是，威士
忌也可能會有軟木瓶塞腐壞的問題。尤其是酒精度超過
60% 以上的烈酒，軟木塞更容易憔悴乾枯。

若是已開瓶的威士忌，建議你每隔一段時間就查看
一下軟木塞的狀態。萬一軟木塞斷裂，碎片會掉進酒瓶
裡，這下可就麻煩了。若你覺得有必要，可將空威士忌
瓶的軟木塞留下來替換。

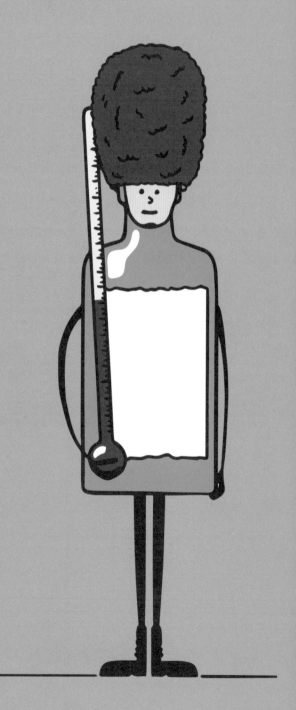

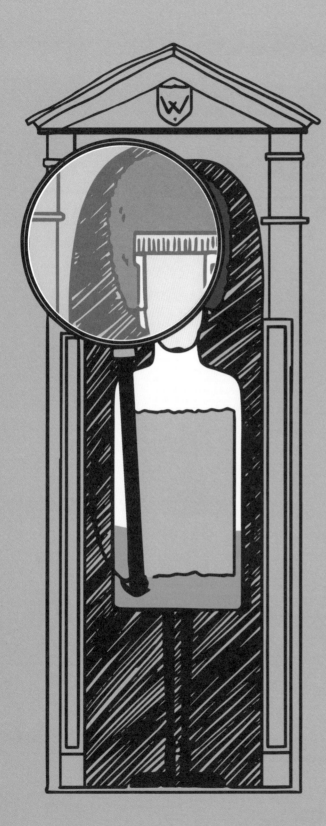

開瓶之後如何保存？

　　開封後，空氣會進入酒瓶，接觸威士忌酒體，引發氧化作用讓酒產生變化。瓶中的空氣越多，氧化作用就越強。如果你的威士忌只剩下三分之一，最好在一年之內喝完，不然就把剩下的酒換到較小的瓶子裡（別忘了在瓶身貼上原本威士忌的資訊）。

躺著還是站著？

　　無論已開瓶或是未開瓶，永遠讓你的威士忌立正站好！不然酒體會接觸到軟木塞，高濃度的酒精會將其慢慢腐蝕。最糟的是有可能沾染上軟木塞味，這是不惜任何代價都一定要避免的事情。

威士忌需要關燈睡覺？

　　官方販售的威士忌大都裝在圓筒或長方形盒裡，除了行銷考量（漂亮包裝總是比較賞心悅目），主要也是為了避免威士忌受到光線摧殘。如果你買的威士忌沒有任何外盒，最好將它收藏在不見天日的櫃子裡面。處於黑暗中的威士忌，才能避免酒香及酒色變質。

瓶塞的功能

瓶塞當然是用來塞酒瓶的⋯⋯你會這樣認為很合理，
但只說對了一部分，軟木塞其實還有更多讓人意外的功用喔！

葡萄酒 VS 威士忌

對於葡萄酒來說，將酒瓶躺平存放可以讓瓶塞保持濕潤，這一點非常重要。瓶塞浸滿葡萄酒之後會膨脹，有助於維持酒瓶密封的狀態。跟傳說相反，葡萄酒並不需要呼吸，一旦開瓶之後，瓶塞也就功成身退，毫無用武之地了。

威士忌的瓶塞則必須要能耐得住高達 40%，甚至 60% 的酒精濃度。就算酒瓶開封後，瓶塞還得經得起數十年的考驗，努力拴緊酒瓶，避免酒體蒸發。不然你就只能等著流淚了⋯⋯

威士忌有瓶塞味怎麼辦？

你以為只有葡萄酒才會有軟木塞的怪味嗎？威士忌也有可能會沾上軟木塞味，只是這種情況比較少見。若是不幸發生這種情形，用鼻子嗅聞即可察覺，而且入口後怪味更明顯，類似腐爛的榛果或潮濕的紙箱，甚至有的瓶塞還會長霉⋯⋯開瓶時如果發現有怪味請保持冷靜，只要將酒帶回當初購買的店面，讓他們聞一下，通常會讓你更換一瓶新的威士忌。

瓶塞斷掉怎麼辦？

打開存放數年的威士忌時，若是施力不均，或是衰神纏身，一個不小心就會釀成悲劇⋯⋯所以最好在家裡放一套可比美馬蓋先的救急工具，以免將威士忌瓶塞扯斷時一籌莫展。

- 一個完全清洗乾淨的威士忌空瓶，還有狀況良好的瓶塞（不要太乾燥也不要太潮濕）。
- 一個小濾網，用來過濾可能產生的軟木塞碎片。
- 一個葡萄酒開瓶器，用來拔除卡在瓶口的斷裂軟木塞。

採用正確姿勢，垂直拔除瓶塞，不要斜斜地拉。若是在瓶塞與瓶身之間交互施力，會讓瓶塞更容易斷裂。

酒瓶永遠立正站好

　　將威士忌平放似乎是個不錯的主意，這樣軟木塞不會太乾燥，開瓶時就不會斷裂……其實這是最糟糕的主意！威士忌的酒精度太高了，烈酒有可能大肆「吞噬」軟木塞，造成威士忌的風味變質。

軟木塞需要沾濕嗎？

　　有些專家會建議定時轉一下瓶子，讓軟木塞保持濕潤。不過並不是所有人都同意這個做法，因為會有軟木塞屑掉入酒液裡的風險，更糟的是會讓軟木塞變得更脆弱。你當然可以挑戰，但是心臟要夠大顆！

浸濕　　　　　　　乾燥

封蠟瓶塞的威士忌

　　總有一天，你一定會與封蠟的軟木塞相遇。封蠟瓶塞看起來不僅美觀又有氣質，不過如果你沒有兩把刷子，它還真不是普通的難開！來，教你一個得心應手的方法：

1. 用葡萄酒開瓶器戳穿封蠟。
2. 將軟木塞拔出一半。
3. 用小刀將蠟仔細刮除。如果這個步驟草草了事，到時你會發現威士忌裡面多了很多蠟屑。
4. 將軟木塞完全拔出。

　　不要犯了菜鳥的錯誤，千萬別一開心就順手把軟木塞丟進垃圾桶，記得留下來塞回你珍貴的酒瓶裡。

愛爾蘭軟木塞

軟木塞的英文是 cork，而 Cork 其實是一位愛爾蘭伯爵的名字，他建立了愛爾蘭最重要的威士忌蒸餾廠，也就是年產量超過一千九百萬公升烈酒的密道頓（Midleton）蒸餾廠。來自密道頓的知名威士忌品牌包括尊美醇（Jameson）、帕地（Paddy）以及特拉莫爾露（Tullamore Dew）。

當心行銷陷阱

釀造威士忌的故事不僅訴說著釀酒的本事，彷彿也能讓酒多一層風味。

然而跟威士忌一起銷售的還有一些無傷大雅的江湖騙術，自己多留心便是。

當心過於動人的故事

　　編故事是種藝術，也是一種高超的技巧。許多威士忌品牌酷愛編造動人的情節，來刺激消費者的購買慾。法國於 1991 年通過的「艾凡法規」，對於酒類產品的行銷廣告有嚴格的限制，反而使法國品牌更熱中於闡述迷人的故事。然而美麗的故事不代表威士忌也一樣美麗。

明星光環加持

　　各大蒸餾廠無不竭心盡力，運用各種戰術來使消費者相信他們的威士忌無人能出其右，例如請退休英國足球明星來代言威士忌，或是宣稱知名政治人物最愛喝哪一款威士忌，期望能成為流行的指標。不要被輕易影響了，還是相信自己的味蕾最實在。

天花亂墜的酒標

　　某些威士忌品牌對於自賣自誇的褒言一點也不吝嗇，諸如卓越不凡、奇珍、至高無上、極致純粹……只是很不巧，這些威士忌喝起來和它的形容似乎還差了一大截。

媲美高級訂製服的包裝禮盒

　　烈酒品牌最常運用的行銷手段之一就是包裝。禮盒實際上具有阻絕光線的功用，然而蒸餾廠逢年過節總是不斷出奇制勝，設計新的包裝花招，父親節、聖誕節、酒廠週年慶，每一個都是包裝的好日子！除非你是酒盒收集狂，否則還是再考慮一下吧。

艾凡法規（Loi Évin）

法國於 1991 年通過的「艾凡法規」，主旨在於規範菸酒廣告，期望能有效降低酗酒和吸菸的比例。具體內容如下：

- 禁止在青少年刊物刊登菸酒廣告。
- 週三整日以及其他日下午五點至半夜十二點的時段，禁止在廣播節目播放菸酒廣告。
- 禁止在電影院和電視台播放菸酒廣告。
- 禁止向未成年者發送任何提及或宣傳酒精飲料的文件及物品。
- 禁止在任何運動機構販售、發送或介紹酒精飲料（舉行運動相關活動時可另外申請許可設置飲料區）。

威士忌聖經

　　隨著市場反應熱絡，威士忌評鑑指南有如雨後春筍般越來越多。閱讀這些書籍不失為指點迷津的好辦法，也能認識一下新上市的威士忌。

　　不過這類評鑑指南通常有個毛病，就是評鑑過程不夠透明，而且通常都只有單獨一位人士的意見。所以不難見到這樣的情況：某支威士忌在甲書中被奉為圭臬，在乙書中卻敬陪末座。再次提醒大家，唯有親身試喝，才能實際了解這支威士忌適不適合你。

　　目前最具爭議性的評鑑指南是吉姆‧莫瑞撰寫的《威士忌聖經》（*Jim Murray's Whisky Bible*）。在 2016 年的版本中，蘇格蘭威士忌甚至沒有進入前五強。

世界最佳威士忌的得獎者是……

　　各大媒體幾乎每個月都會不斷地用最新的威士忌排行榜來轟炸消費者，不停告訴我們世界最好喝的威士忌來自哪一個或哪些國家。但排名真的有這麼重要嗎？

　　誠心建議，得獎報導僅供參考。今天雜誌還在吹捧哪一款威士忌，下週就會出現另一篇新文章讚美新款威士忌。此外，酒商只在意排行榜的新聞是否有在媒體搏取足夠的版面，重點是旁邊掛上的那一串的威士忌廣告。這下你心知肚明了吧？

威士忌的現代性

威士忌的豐富歷史源遠流長好幾世紀，但這並不妨礙它展望未來。
匠心獨運的智慧與瘋狂古怪的創造發明將攜手並進。

從實驗室誕生的分子威士忌

全球暖化與世界各地的穀物生產息息相關，當然也包括大麥，因此可能影響威士忌的釀製。美國明尼蘇達大學環境研究中心的研究員迪派克·雷伊（Deepak Ray）研究了全球暖化對重要農作物的影響，結果顯示溫度上升確實對某些穀物的生產具有負面影響。

為了克服這個問題，位於加利福尼亞的新創公司「無垠西部」（Endless West）發明了一種不需要使用任何大麥的「威士忌」，只需要幾天就能製造，不用像傳統威士忌那樣花費好幾年時間。這要怎麼辦到呢？根據先前的分子研究資料，格萊福（Glyph）威士忌是在實驗室中以玉米乙醇為基底，再添加具有威士忌特徵的分子所製成。這些分子（糖類、酯類和酸化合物）來自各種水果、玉米和木材，實驗室將它們混和，就能快速生產廉價的「試管威士忌」。根據發明者的說法，就生物化學而言，這些成品與最馳名的威士忌極為相似。你以為這是科幻小說的情節嗎？並非如此，分子威士忌已經開始在美國和香港市場上銷售了。

人工智慧釀的酒

人工智慧已經在我們的日常生活中四處蔓延，甚至觸及你意想不到的地方——你的威士忌酒杯中！此領域的先驅來自瑞典的麥格瑞酒廠（Mackmyra）。他們的 Intelligens（瑞典語中的「智慧」）威士忌，是在酒廠首席調酒師安琪拉·多赫（Angela D'Orazio）的監督下，與微軟合作開發人工智慧系統所釀造的第一款威士忌。這個人工智慧系統被輸入了大量數據資料，諸如麥格瑞酒廠的配方、銷售狀況、消費者偏好等。這可能還只是初試啼聲，因為這個資料庫可以調配超過七千萬種新的威士忌配方。

防偽區塊鏈

　　蘇格蘭威士忌的市場估計超過七十五億美元，而一些珍罕系列更能賣到幾萬歐元，這也導致騙徒們的胃口越來越大。蘇格蘭決心不讓這些騙子為所欲為，並致力保護其威士忌免於贗品威脅。怎麼做呢？他們在最珍罕的威士忌瓶塞上採用智慧防偽技術，結合數位識別、區塊鏈和近場通信（NFC）小晶片標籤，藉此保障威士忌的來源及真實性。為了能核實蒸餾日期，他們在瓶蓋上添加防竄改的近場通信（NFC）標籤之前，會進行放射性碳定年法，為該瓶威士忌創建一個獨一無二的數位識別碼。這樣就能保證你手裡那瓶價值連城的威士忌裡外如一，其內容物與酒標所宣稱的並無二致。

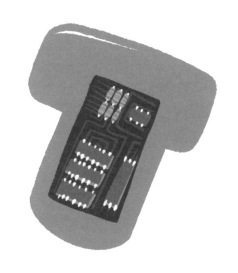

一個密碼就能了解你的珍藏威士忌

　　對於你珍藏的威士忌，你想知道它的來龍去脈嗎？大麥是什麼時候收割的？栽培在什麼樣的土地上？生產者是何方高人？它是如何蒸餾的？一些酒廠提供數以千計的資料數據，用來提高資訊的透明度。只須輸入密碼，你手上這瓶威士忌的一切就無所遁形，而且是非常鉅細靡遺。

海底陳釀酒窖

　　人們曾經嘗試不同類型的木桶來陳釀威士忌，甚至將酒窖搬到海洋附近，以便觀察海水對威士忌的影響，還有一些人乾脆讓威士忌在魚群中進行陳釀！這麼做有個額外的好處，因為壓力的變化會影響威士忌的風味。

在威士忌酒桶中過桶熟成的其他烈酒

威士忌一路走來並非是全然孤獨的，它經常與其他烈酒交會，而且彼此相輔相成，攜手昇華。
例如在陳釀酒桶上大做文章，可能就是一種未來的趨勢，
因為這是在規定嚴謹的威士忌領域進行創新的方式之一。

「過桶熟成」有什麼作用？

在威士忌的世界裡，最有可能與其他烈酒交會的機緣是在所謂的「過桶熟成」（finish，法文為 finition）
階段。過桶是威士忌熟成階段的額外步驟，原本在酒桶中陳年的威士忌會轉移到另一種類型的酒桶進行
熟成。這個步驟能賦予威士忌獨特的芳香，讓它在經典風味上添加一些不尋常的特色。常見的酒桶有：
雪利酒、香檳、干邑、啤酒、蘭姆酒等。

在其他烈酒酒桶中過桶熟成的威士忌

雖然大多數威士忌是在波本威士忌酒桶中陳釀，少數是在雪利酒桶中陳釀，但在釀酒廠中仍然能找到其
他非等閒之輩的酒桶。

麥格瑞（Mackmyra）的 Midvinter

　　瑞典威士忌品牌麥格瑞首創，將威士忌在波爾多葡萄酒、雪利酒和香料酒桶中進行熟成，並命名為 Mackmyra Midvinter。這款在瑞典耶夫勒（Gävle）城外的麥格瑞蒸餾廠生產的單一麥芽威士卡，富含「隆冬香料」的香味，並帶有「多汁紅色水果」和柑橘的風味。

韋斯特蘭（WestLand）酒廠的 Inferno

　　韋斯特蘭酒廠特別在 4 月 1 日愚人節推出，蓄意啟人疑竇（數量非常少）。這款 Inferno 是在塔巴斯可桶中陳釀的單一麥芽威士忌。

來自匈牙利托凱葡萄酒桶的羅茲略爾（RoZeLieures）

　　托凱葡萄酒產於匈牙利東北部和斯洛伐克東南部一個非常小的地區，因此托凱葡萄酒橡木桶相對來說比較少見，但確實能賦予威士忌甜美風味。

百富 14 年加勒比海蘭姆桶單一純麥威士忌（The Balvenie Caribbean Cask 14 Ans）

　　誰說威士忌和蘭姆酒互不相容？百富就決定將他們的威士忌放在含有加勒比海蘭姆酒的美國橡木桶中進行熟成。

使用楓樹糖漿桶的坦伯頓（Templeton）陳釀裸麥威士忌

裸麥威士忌也能讓我們體驗獨特的過桶熟成效果。坦伯頓裸麥威士忌進行熟成之前，會先在八十個橡木酒桶中注滿楓樹糖漿，並每天手工翻動所有酒桶。如此經過兩個月之後，清空酒桶並填裝年份四年的裸麥威士忌，放置兩個月靜待熟成。

使用生薑啤酒桶的天頂（Teeling）威士忌

總部設在都柏林的天頂酒廠和倫敦的雨傘啤酒廠（Umbrella Brewing）攜手合作，開發了第一款用生薑啤酒桶進行熟成的愛爾蘭威士忌。

在威士忌酒桶中陳釀的烈酒

相反地，使用過的威士忌酒桶有時可以在另一種烈酒酒廠中找到生命的第二春，繼續提供附加價值。

柯拉蓉（Corazon）龍舌蘭酒與野牛仙蹤（Buffalo Trace）22 年

威士忌和龍舌蘭酒的結合並不是最理所當然的，不過，正是結合了這兩者的優點，才開發出帶有波本威士忌風味的龍舌蘭酒。

HSE 陳年蘭姆酒與 2013 年熟成的羅茲略爾（Rozelieures）威士忌

如果威士忌可以在蘭姆酒桶中熟成，那麼反過來也同理可證，這也正是 HSE 想要展現的效果。這款陳年蘭姆酒在橡木桶中經過六年多陳釀後，繼續在羅茲略爾威士忌酒桶中再進行八個月的熟成。

更獵奇的事情……

人類的創造力往往沒有極限，我們很可能在威士忌酒桶中遇到更多非比尋常的東西！

泥煤威士忌桶熟成的 KitKat 巧克力

將原料可可豆放入威士忌酒桶中熟成一百八十天，再製成 KitKat 巧克力。這些酒桶來自蘇格蘭的艾雷島，以泥煤威士忌名聞遐邇。

過緋魚桶的威士忌

獨立裝瓶商笨桶（Stupid Cask）推出 Fishky 威士忌，將來自布萊迪蒸餾廠（Bruichladdich）的威士忌放入前身為緋魚桶的酒桶中熟成。這個靈感來自於一個傳言——據說蘇格蘭的釀酒師曾經使用魚桶來存放他們的威士忌。

威士忌的價格

小小一張白色售價貼紙，其背後代表的意義比你想像中更複雜。

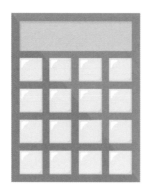

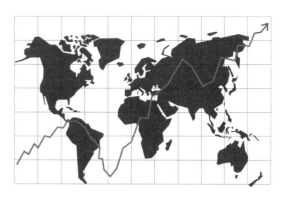

威士忌的售價是如何決定的？

威士忌要課徵菸酒特別稅，屬於間接稅，不直接向納稅人收取，而是反映在菸酒的售價上。菸酒稅的計算方式不以商品價值為基準，而是數量。就烈酒來說，酒精含量越高，菸酒稅就越高。以法國為例，2016 年，威士忌的菸酒稅是每公升每一度酒精徵收 0.173756 歐元，酒類的社會保險稅是每公升每一度酒精徵收 0.05579 歐元；所以一瓶 0.7 公升、酒精度 40% 的威士忌，稅金等於 4.86 歐元（0.7×40×0.173756）加上 1.56 歐元（0.7×40×0.05579），也就是 6.42 歐元。另外還要加上百分之二十的消費稅！

* 以台灣為例，一瓶威士忌的菸酒稅每公升每一度酒精徵收新台幣 2.5 元，所以一瓶 0.7 公升、酒精度 40% 的威士忌，其稅金等於新台幣 70 元（0.7×40×2.5）。目前威士忌的進口關稅為零，另外要徵收百分之五的營業所得稅。

投資威士忌可行嗎？

威士忌跟眾多美好的事物一樣，年分越久，價值越不菲。值得快狠準出手投資的，當然是珍稀的威士忌。若能鍛鍊出一點眼光，賭注就能值回票價。十餘年前以三百歐元入手的威士忌，今天很可能價值八千歐元。

威士忌的投資報酬率年平均約為百分之十至十五，而且價格並沒有下滑的趨勢。有一票玩家把目標鎖定在限量版威士忌，例如慶祝凱特王妃與威廉王子結婚的限量版麥卡倫（Macallan）威士忌，經一再蒐購轉手，如今價格是當初上市時的二十倍。當然還有名副其實的收藏家，以建立豐富齊全的威士忌收藏為樂，為下一代保留了威士忌的歷史見證。

價格參考制度

如果威士忌也能有一本深具公信力的估價刊物，那就太完美了。不過很遺憾，並沒有這樣的好東西。想要比較威士忌的價格，只有不辭辛勞地拜訪各大論壇，切記要多方參考、細心確認。有些投機者會用低價買下你的威士忌，然後再轉手高價賣出，從中海撈一筆！

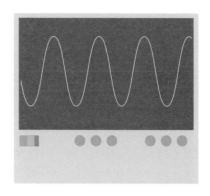

喬治爺爺小建議

到爺爺家去翻箱倒櫃吧，說不定真能翻出值得傳家的寶貝，破獲幾瓶未開瓶的睡美人威士忌，很有可能價值連城。不論自己收藏或是高價賣出，都是人生一大樂事！

如何轉售威士忌？

可以透過專業的拍賣網站，或是專門討論威士忌的論壇、臉書等社群網站。名氣最響亮的其中一個威士忌轉售網站是 whiskyauction.com，網站會抽取約百分之二十的手續費。買賣威士忌別忘了加上運送費用。

那些威士忌究竟在貴什麼？

很簡單，品質是第一要素，第二個要素則是珍奇稀罕的程度。威士忌數量越少，它的行情就越一飛衝天。某些稀有版本的十年威士忌不僅在市場上很難找到，其價格也早已追上那些超過三十年的威士忌。

步步高升的價格

近幾年想用三十歐元買到一瓶佳釀，實在是可遇不可求。一方面因為消費需求有增無減，導致價格居高不下；另一方面則是八〇與九〇年代的威士忌低潮期，不計其數的蒸餾廠吹了熄燈號。這些酒廠將酒窖中為數不少的庫存清倉拍賣，點燃搶購風潮。時至今日，一瓶優質威士忌的價格大約是四十到七十歐元。

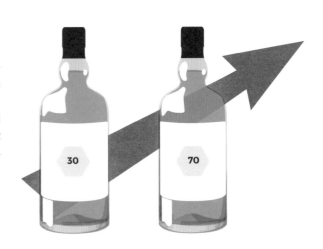

極品威士忌

你以為買一瓶超過一百歐元的威士忌就算揮金如土了嗎？讓我們為你介紹幾款極品威士忌吧！
其中幾款動輒就超過數萬歐元，即便如此高價，仍然常被搶購一空。

什麼是極品威士忌？

並非所有威士忌都旗鼓相當，怎樣才夠格躋身「極品」之列呢？這些佳釀可能來自已經關閉或停產的「幽靈」釀酒廠，不過，某些運作中的釀酒廠也會產出「極品威士忌」。之所以能掛上這個名號，是因為釀酒廠的獨有特色和酒桶在陳釀過程中的出色影響，兩者相得益彰，賦予威士忌獨具一格的芳醇。如此罕見的極品標籤，足以讓收藏家與行家趨之若鶩。

如何獲得極品威士忌？

由於極品威士忌相當罕見，一瓶難求，有時候只有萬中選一的酒桶能夠裝瓶。而酒桶越老，揮發的份額就越多，能裝瓶的量就更有限。一般來說，通常全世界只有幾百瓶的產量。因此，如果您想一親芳澤，最好能預先站在起跑線上，詢問你的酒商是否可能有全球限量的珍稀配給。

還有另一個方法，但所費不貲，就是去逛逛國際拍賣網站，如：www.whiskyauctioneer.com。只不過，轉售這些威士忌的人都是優秀的投資者，有時會以高於原價兩倍的價錢出售。你也可以參考出售老年份威士忌的網站：www.thewhiskyexchange.com。

高不可攀的典藏威士忌

麥卡倫耀紅珍藏系列
（The Macallan Red Collection）
價格：975,756 美元

2020 年 11 月，麥卡倫耀紅珍藏系列在倫敦蘇富比拍賣會上的拍賣底價為二十萬英鎊，這還不包括來自世界各地的買家競相出價的數字。最後成交的價格是 756,400 英鎊（975,756 美元）。拍賣收益捐贈給「倫敦城市豐收」（City Harvest London）食品慈善機構。

該系列包括六款非常老的麥卡倫威士忌，還有該釀酒廠有史以來最古老的兩種威士忌：74 年和 78 年。

麥卡倫珍罕系列 60 年
（Macallan Fine And Rare 60 Ans）
價格：1,900,000 美元

編號 #263 的傳奇橡木桶，讓行家們為之瘋狂。1926 年蒸餾入桶，1986 年裝瓶，當初一共只裝了四十瓶，創下價格紀錄的應該就是其中一瓶。據瞭解，目前還有十四瓶在市面上流通，每次拍賣都會締造新的金額紀錄。

山崎 55 年（Yamazaki 55Yo）
價格：605,244 英鎊

這瓶酒的價格能水漲船高，完全是天時地利之便。2020 年 8 月，一瓶日本威士忌在香港邦瀚斯拍賣行打破了威士忌拍賣的紀錄。這瓶山崎 55 年威士忌以 605,244 英鎊的價格售出，創下日本威士忌拍賣的新世界紀錄。

山崎 55 年威士忌由三得利公司生產，全世界僅有一百瓶，而且只透過抽籤系統選出投標的日本客戶。

聶寧釀酒廠的 Ainnir
價格：41,004 英鎊

浪擲千金的天價威士忌中也不乏年輕的威士卡，甚至非常年輕，例如高地釀酒廠聶寧 Nc'nean 在 2020 年生產的首瓶威士忌。這瓶天字第一號在威士忌拍賣公司 Whisky Auctioneer 的線上慈善拍賣中以 41,004 英鎊的價格售出，比之前的世界紀錄保持者——天頂（Teeling）酒廠最昂貴的首瓶酒——高出四倍。

 威士忌投資騙局

請注意，威士忌是風險極高的產品，不要太過莽撞地購買極品威士忌，以為幾年之後會有翻倍的獲利。若是投資得過於大意，很容易招致歹徒詐騙。此類型詐騙現象愈趨普遍，金融市場管理單位不得不就此提出警告。向一瓶威士忌表示敬意的最好方式就是開懷品飲，而不是投機買賣。即便日後價格走低，品酒的愉悅仍會長存於心。

Nᵒ4

威士忌也能上餐桌

▰▰▰ 威士忌一旦上了餐桌，勢必會和你成為莫逆之交。然而與葡萄酒一樣，稍微出現不討喜的味道，就有可能搞砸一切。這就是本章存在的目的，只要聽從這些建議，你也能成為巧搭佳餚與佳釀的高手，帶給你的晚宴嘉賓連連驚喜。

晚餐來喝威士忌

法國人喝葡萄酒佐餐是家常便飯，所以威士忌通常不會是餐酒的首要選擇。
然而威士忌的香氣完整又豐富，完全可以勝任佐餐的重責大任，為饕餮盛宴增味添香。

佳餚與威士忌的搭配訣竅

烈酒（酒精度 40% 以上）入口馨香繁複，與佳餚相得益彰的機率與融合速度更勝葡萄酒。舉例來說，若與較濕潤的食物搭配，威士忌的酒味濃淡與整體香氣也會有明顯的變化。以下幾個方式能讓威士忌與食材結合更臻完美。

01

截長補短：
好吃的食物能提升威士忌
的口感，反之亦然。

02

巧妙對比：
味道厚重的料理搭配甜美
帶煙燻口感的威士忌。

03

異曲同工：
找出料理與威士忌
的共同香調。

日本風格

假如在餐桌上純飲威
士忌仍然無法獲得你
的認同，那試試日本
人的喝法吧：在威士
忌裡加點水，稀釋一
下酒精度（參考第
134 頁「水割」）。

開動的順序

先喝酒還是先吃菜？當然一定是先將嘴裡塞滿食物呀！先享用帶點油脂的料理（例如乳酪），更能品嚐出威士忌的甘醇。因為食物能緩和威士忌的酒味，入口比較不嗆辣。覺得威士忌太烈的人請務必試試！

當心味覺陷阱

太甜

糖是笑裡藏刀的朋友。
若甜味太重，會突顯威士忌的酒精味，
並加強酒精的威力。

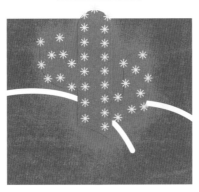

太鹹

太鹹的料理會在口中產生澀味，
使口腔黏膜緊縮帶來口乾舌燥之感，
就像吞了肥皂水一樣。

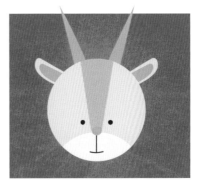

羊奶乳酪

威士忌只會更突顯它的羊騷味。
如此大費周章只是聞到了羊味，
還真不是普通的可惜！

經典麥芽與美食

　　把威士忌迎上餐桌，是各大威士忌品牌拚輸贏的關鍵之一。帝亞吉歐集團（Diageo）早已洞燭先機，好幾年前就策畫了「經典麥芽與美食」專案，針對十三款精選「經典麥芽」威士忌，推薦在家就能輕鬆炮製的美酒美食巧搭祕笈。獻上以下幾款組合，肯定讓你口水直流。

卡爾里拉威士忌（Caol Ila）
+
卡門貝爾乳酪（Camembert）佐橄欖醬

卡杜威士忌（Cardhu）
+
帕馬森火腿佐椰棗乾

諾康杜威士忌
（Knockando）
+
肥鵝肝

泰斯卡威士忌（Talisker）
+
燻鮭魚佐法式鮮奶酪

德夫鎮蒸餾廠的蘇格登威士忌
（Singleton of Dufftown）
+
榛果夾心巧克力和新鮮果醬

亞伯樂狩獵俱樂部

　　想在高貴的環境享用專為搭配亞伯樂佳釀精心設計的美饌？那就來亞伯樂狩獵俱樂部（Aberlour Hunting Club）。六年來，亞伯樂投注資金，聘請知名大廚創作能與亞伯樂威士忌相得益彰的精緻料理。餐廳席次昂貴，桌位不多，開放時間也有限制。

狩獵俱樂部菜單

► 勃根地蝸牛、甘草香味清湯
+ 亞伯樂 2003 白橡木威士忌

► 半炙鮭魚、魚子醬和芥末、
公爵馬鈴薯湯
+ 亞伯樂 16 年雙桶熟成威士忌

► 香烤野獐肉排、狩獵總管紅酒濃醬
+ 亞伯樂 18 年雙桶熟成威士忌

► 榛果糖粉奶油酥粒、焦糖西洋梨、孟加里（manjari）巧克力奶霜、西洋梨薑味雪酪
+ 亞伯樂首選原桶單一純麥威士忌
（Aberlour A'bunadh）

喝威士忌該搭配什麼食物？

絞盡腦汁也想不出什麼好組合嗎？別煩惱，這裡提供許多萬無一失的方案，
能讓你盤中的佳餚與威士忌更相映成趣。

入門方案

　　面對眾多威士忌，沒有能以一擋百的食物，只有比較容易搭配的食物。下列這些食物是搭配威士忌的入門基本款：

・乳酪：高達（gouda）、陳年切達（chedda）、孔泰（comté）、羅克福乾酪（Roquefort）。

・巧克力：黑巧克力最適合，可可含量越多，與威士忌的結合越美妙。
・豬肉製品與橄欖抹醬：絕佳的開胃小點，定能挑起朋友對威士忌佐餐的熱愛。
・水果：蘋果或西洋梨派都是絕配。要避免柑橘類水果，它們會掩蓋威士忌的芬芳。

什麼料理搭什麼威士忌

　　酒櫃裡有已開封的威士忌，想要來試驗一下嗎？以下列出四種威士忌和酒食搭配供你參考。

 值得一試的體驗

準備一盤不同口味的乳酪，以及幾瓶不同種類的威士忌，舉行一個美酒美食品嚐會。先從味道最淡的乳酪與最清淡的威士忌開始享用，再依序嘗試味道較重的乳酪與威士忌。你會覺得有些組合沒什麼特別，有些卻會讓你驚艷。乳酪的風味與口感提升不少，威士忌亦然。

清淡型威士忌
・壽司
・燻鮭魚
・螃蟹
・奶油乳酪

輕度泥煤味且稍微濃厚的威士忌
・鯖魚　　・肝醬
・淡菜　　・紅燒雉雞
・生蠔　　・禽肉佐蘑菇醬
・鴨肉　　・乾煎干貝

醇厚型威士忌
（雪莉桶或歐洲橡木桶熟成）
・香烤牛排或肋排
・窯烤野味
・布朗尼蛋糕
・黑巧克力
・切達乳酪

重泥煤味威士忌
・麵包片佐鰻魚抹醬　・照燒鮭魚
・羅克福乾酪　　　　・茄子抹醬
・烤小羊腿　　　　　・東方風味小羊肉丸
・手撕豬肉　　　　　・黑巧克力
・茶香燻雞

威士忌可否與葡萄酒相提並論？

我們會習慣將勃根地紅酒搭配乳酪，認為侏羅地區的黃酒（vin jaune du Jura）跟卡門貝爾乳酪天造地設。那威士忌呢？威士忌和葡萄酒不同，就算遵循風土原則，毗鄰兩家蒸餾廠釀造出的威士忌風味也會截然不同。不過我們還是依照威士忌的產地風格，列出了一些搭配起來應該會很不錯的食物。

	肉類、海鮮	蔬菜	水果	堅果	巧克力	乳酪
B 波本威士忌	燒烤 雞肉 鴨肉 豬肉	綠花椰菜 球芽甘藍 馬鈴薯 烤紅蘿蔔	蘋果 杏桃 水蜜桃 西洋梨	山核桃 杏仁果	白巧克力	藍紋乳酪 曼徹格山羊乳酪 （manchego）
R 裸麥威士忌	牛肉 雞肉 雞蛋 羊肉 鮭魚	羽衣甘藍 球芽甘藍 馬鈴薯 風乾番茄	蘋果 西洋梨 草莓	花生 山核桃	黑巧克力	切達乳酪 瑞可達乳酪 （ricotte）
W 愛爾蘭威士忌	牛肉 小牛肉 野禽	豆類 蒜頭 洋蔥 馬鈴薯	蘋果 西洋梨	夏威夷豆 巴西豆	黑巧克力	布利乾酪（Brie） 義大利綿羊乳酪 （picorino） 哈瓦蒂乳酪 （Havarti）
H 高地區年輕 威士忌	豬肉醃製品 雞蛋 燻鮭魚 鮪魚	紅蘿蔔 西洋芹 扁豆 義大利燉飯 野菇	蘋果 椰棗 無花果	杏仁果 開心果	牛奶巧克力	陳年高達乳酪 馬斯卡彭乳酪 （mascarpone）
H 高地區 15 年 以上威士忌	烤牛肉 小羊肉 火雞肉	綠蘆筍 西洋芹 地瓜	櫻桃 椰棗 西洋梨	山核桃 開心果	黑巧克力 牛奶巧克力	陳年切達乳酪 藍紋乳酪
L 低地區威士忌	雞肉 豬肉 牛排	雞油菇 黃瓜 櫛瓜 蘑菇 馬鈴薯	杏桃 無花果 黑莓	夏威夷豆 杏仁果	牛奶巧克力	布利乾酪 年輕切達乳酪
I 艾雷島威士忌	雞蛋 生蠔 鴿肉 鮭魚	圓茄 紅豆 玉米 洋蔥 馬鈴薯 櫛瓜	鳳梨	杏仁果 核桃	牛奶巧克力	莫扎瑞拉乳酪 （mozarella）

適合威士忌的地方特色料理

在蘇格蘭與愛爾蘭，威士忌老早就躍上餐桌，與傳統料理平起平坐。
要解讀威士忌與美食之間的情緣，最動人的方式，當然是透過這些迷人的傳統地方料理。

愛爾蘭煙燻鮭魚

愛爾蘭是鮭魚主要養殖國，傳統上只有大日子或重要的時刻，人們才會在酒吧或自家餐桌上大啖燻鮭魚。

煙燻鮭魚搭配什麼威士忌？

你可能會以為芳香的煙燻鮭魚就應該搭配泥煤煙燻威士忌。小心，別把事情搞到過猶不及，過多的煙燻味可能會令人「厭」燻！

倒不如選擇泥煤味較輕，帶有碘味、香料或植物清香的威士忌，才能提升煙燻鮭魚的口感。例如達雲妮（Dalwhinnie）15年威士忌或泰斯卡黑暗風暴（Talisker Storm）。

所需食材：
愛爾蘭燻鮭魚薄片
黃檸檬2顆
半鹽奶油1盒
捲心菜沙拉
長棍麵包2條
鹽、胡椒

料理步驟：
將煙燻鮭魚捲成皺褶狀擺盤。
灑一些鹽和胡椒調味。
將檸檬洗乾淨，切對半。
在每個盤子擺上半顆檸檬。
舀上一勺奶油。
放上麵包跟捲心菜沙拉，開動！

蘇格蘭肉餡羊肚

肉餡羊肚又稱做哈吉斯（haggis），是以羊雜製作的蘇格蘭傳統料理。真正的發明典故眾說紛紜，其中一則傳說來自高地區：當牧羊人要到愛丁堡販售牲口，他們的妻子會把食物放入羊的胃囊中，方便攜帶，讓牧羊人在旅途中充飢。

蘇格蘭人會在每年 1 月 25 日的「伯恩斯之夜」享用這道菜，紀念蘇格蘭民族詩人羅伯特‧伯恩斯（Robert Burns）。

所需食材：
羊胃 1 個
羊雜 1 公斤
（羊肝、羊心、羊肺）
羊腰子 250 公克
羊肥肉 100 公克
洋蔥 3 顆
燕麥片 500 公克
鹽、胡椒

肉餡羊肚搭配什麼威士忌？

吃這道菜要避免重泥煤威士忌，推薦以下幾個選項：

- 泰斯卡（Talisker）10 年威士忌；但是這款越來越難尋，只好退而求其次，試試泰斯卡無年分思凱島威士忌（Talisker Skye）
- 高原騎士（Highland Park）12 年威士忌
- 拉弗格（Laphroaig）10 年威士忌
- 格蘭利威（Glenlivet）18 年威士忌

燉煮肉餡羊肚前先淋上威士忌，
你就會得到皇家肉餡羊肚！

料理步驟：

01 將羊胃清洗乾淨，記得將羊胃翻開仔細刮洗內部。然後浸泡在冷鹽水中，浸足一整個晚上。

02 將羊雜、羊腰子跟羊肥肉洗乾淨，放在加了鹽的滾水中小火慢煮兩小時。從滾水中取出後，剔除軟筋跟氣管，其餘部分用刀子細細切碎。

03 洋蔥剝皮，放入滾水中燙過，再用絞碎機絞碎。留下燙洋蔥的水備用。

04 將燕麥片放入平底鍋烘至酥脆。

05 將所有備料食材均勻混和，加一些燙洋蔥的水增加黏稠度，全部攪拌至濃稠但柔軟的狀態。

06 將攪拌好的餡料填入羊胃，三分之二滿即可。將羊胃裡的空氣擠出，然後以細繩捆住開口。

07 用刀尖在羊胃上刺幾個洞，預防羊胃於烹煮時爆裂。放入燉鍋滾水中熬煮三、四個小時。取出時注意維持保溫，並取下細繩。

08 擺盤上桌前，打開仍然滾燙的羊胃，取出裡頭的羊雜肉餡裝盤。可與馬鈴薯泥、鄉村麵包和奶油一同享用。

威士忌拿手菜

另一種享用威士忌的方式，就是將它烹調入菜。
但別用你最珍愛的那瓶威士忌，一旦加熱之後，原本的優點就沒那麼顯而易見了。

威士忌醬汁

所需食材：
紅蔥頭 3 顆，切碎
食用油
威士忌 100 毫升
高湯粉（小牛肉或牛肉）2-3 小匙
砂糖 2 小匙
開水 100 毫升

料理步驟：
在炒鍋倒少許油，將切碎的紅蔥頭炒軟。
倒入威士忌熗一下鍋底，再倒入高湯粉、砂糖與開水。
煮至醬汁略為收乾，即可做為牛排佐醬。

自製威士忌果醬

所需食材：
苦橙 1.3 公斤　　　　砂糖 1 公斤
（最好是有機的）　　威士忌 100 毫升

料理步驟：

01 將苦橙洗刷乾淨後放入壓力鍋，加水至淹過苦橙，持續沸騰四十分鐘再關火，讓苦橙在鍋中慢慢冷卻。

02 翌日將苦橙自壓力鍋中取出，保留煮苦橙的水備用。將苦橙對切，取出果肉與籽。

03 將苦橙皮切成三公分寬的長條，放回煮苦橙的鍋中，加入 1 公斤砂糖與 4 大匙威士忌。用濾布擠壓果肉與籽，將富含果膠的濃稠果汁擠入鍋內。

04 開大火將果醬煮滾，直到溫度達到 104℃。加入剩下的 2 匙威士忌，仔細拌勻。

05 立即裝瓶，冷卻後即可大快朵頤。

喬治爺爺小調查

法國當紅的肉類料理大師布多涅克（Yves-Marie Le Bourdonnec）會用威士忌「滋養」他的菜餚。在處理肉品的第一階段通常需要大約二十天的時間，讓酶慢慢軟化肌肉組織。接著再進行「熟成」，也就是用一塊浸了威士忌的布，包裹住肉的脂肪部位，每十天更換一次威士忌酒布；脂肪會像吸墨紙一樣，把威士忌吸個精光。

火焰料理

何不來一道威士忌火焰明蝦？在你熟悉的料理中加入 100 毫升的威士忌，然後點火燃燒。這可不只是用來搞噱頭，還能增添香氣，保證美味！

蘇格蘭傳統甜點：克拉納珊（cranachan）

所需食材：

燕麥粉 2 大匙
覆盆莓 300 公克
砂糖
濃稠鮮奶油 350 毫升
蜂蜜 2 大匙
威士忌 2-3 大匙

料理步驟：

01 將燕麥粉平鋪在烤盤中，送入烤箱烘烤直到傳出榛果香味，取出置旁待涼。

02 將備料中一半的覆盆莓搗碎做成果泥，並過篩使其滑順，然後加入少許砂糖。

03 攪打鮮奶油，加入蜂蜜與威士忌拌勻，試一下味道，可隨個人喜好增減蜂蜜及威士忌的份量。加入烤好的燕麥粉，輕輕攪拌至整體呈凝固狀。

04 在淺口高腳杯中依次分層填入覆盆莓果泥、覆盆莓粒和威士忌燕麥奶霜。食用前放入冰箱冷藏一下會更美味。

N⁻5

威士忌也有雞尾酒

威士忌在吧台上可是具有獨樹一幟的地位，與其他烈酒不可同日而語。以威士忌來調製雞尾酒，尤其是帶著傳奇色彩的調酒配方，不僅能讓你全然沉浸在不同的時光氛圍，還能帶你環遊世界！

在酒吧如何挑威士忌？

跟朋友或客戶到酒吧，也許來杯威士忌小酌？這你可就選對了！

檢視吧檯後方

　　若是來到一間不熟悉的酒吧，就直接坐到吧檯邊的座位，不僅可以欣賞酒保身後形形色色的酒瓶，也可以觀察對方如何調酒。

如果有以下情況，三十六計走為上策：

- 只有一瓶形單影隻的威士忌。
- 架上的威士忌都是你常在超市貨架上看到的次級產品。
- 已開瓶的威士忌瓶身上有層厚厚的灰塵。

一定要到威士忌酒吧嗎？

　　以威士忌為主的酒吧通常會有獨特的選酒，理所當然能提供你最完美的體驗。但也非得要找專門的威士忌酒吧，有些雞尾酒吧對於自己的威士忌或波本威士忌酒單也是相當自豪的。

世界第一的威士忌酒吧

　　你必須前往愛爾蘭，造訪 1899 年開始營業至今的迪克麥克家族酒吧（Dick Mack's Pub）。這裡有種類多到令人嘆為觀止的愛爾蘭威士忌，還有不勝枚舉的蘇格蘭各地代表性威士忌。品嚐美酒時別忘了注意一下四周，也許能遇見史恩・康納萊或茱莉亞・羅勃茲。兩人都在酒吧的石板地留下到此一飲的不朽見證，跟好萊塢的星光大道一樣，這也是讓迪克麥克酒吧享譽盛名的另一個原因。

地址：Green Street, Dingle, Co. Kerry, Irlande

你現在有喝威士忌的閒情逸致嗎？

| | 有 | 沒有 | |

認識眼前這位酒保？

啤酒！

認識　　　不認識

今天過得一帆風順嗎？

不順

你信任他的品味嗎？

沒錯

原桶強度威士忌

信

有什麼事情想慶祝嗎？

沒有

閉上眼睛，
照單全收！

有

波本或調和式威士忌

不信　　　想

想喝個痛快、不醉不歸嗎？

一口杯威士忌

不想

不是

你是保守的人嗎？

是

自認是顛覆世界的
靈魂人物嗎？

是

至少 12 年的蘇格蘭
單一麥芽威士忌

不是

法國威士忌

用日本威士忌調製的
古典雞尾酒

水割威士忌

「我的老天！」蘇格蘭人看到水割威士忌一定會這樣說。
怎麼可以該死地往威士忌裡加這麼多水，不會扼殺威士忌的品質和口感嗎？
水割威士忌雖然會讓蘇格蘭人詫笑或皺眉，在日本卻是非常普遍的喝法。

水割的定義

在日本，水割（mizuwari）是指一份威士忌加上兩份礦泉水跟冰塊的摻水酒，其字面上的意思是「與水混和」。

至於發音，我們當然很難跟日本人發得一樣標準，不過試著對酒保說「ㄇㄧㄗㄨㄨㄚㄉㄜ」，還是可以成功點到一杯水割威士忌。

水割威士忌的規矩

講到日本，就會想到規矩。水割威士忌可不是糖漿加水那麼膚淺了事。完美的準備工作，才能成就一杯完美的水割威士忌。在日本的酒吧看他們如何準備一杯水割威士忌，就像一場令人目不轉睛的表演，不僅攪拌的方式獨特，每個步驟也都展現一絲不苟的精神。

杯中冰塊的數量也很關鍵。一杯水割威士忌要能從餐宴開始享用至結束，如果冰塊太少，等甜點上桌時，你的威士忌將不夠冰涼；冰塊太多的話，你可能第一口就把威士忌喝光了。雖然看起來很簡單，調製一杯水割威士忌可是十足的學問！

01
選一個寬口平底玻璃杯，杯子的厚度與品質都不能馬虎。

02
在杯內放入冰塊，待杯子冰鎮後倒掉冰塊。

03
拿新的冰塊去除稜角，略修整成圓形放入杯中。

04
緩慢輕柔地倒入威士忌，小心翼翼地攪拌。

05
一點一滴地加入礦泉水。倒水的每一個階段都能釋放威士忌的芬芳。

06
當水全部加完之後，使勁攪拌，但攪拌棒不可發出聲音。

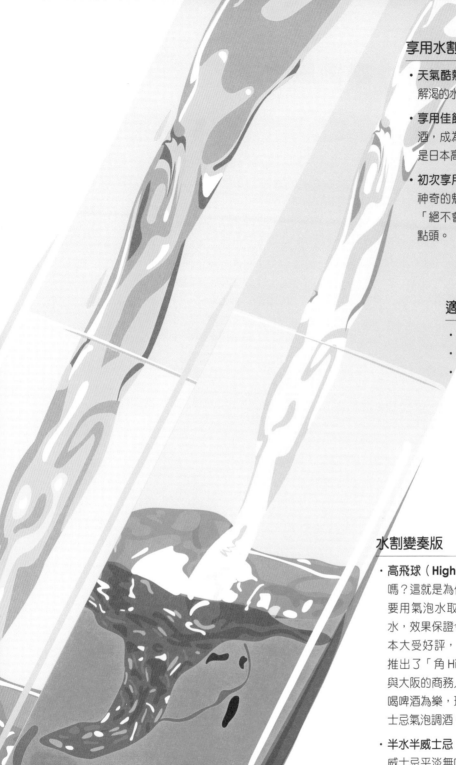

享用水割威士忌的時機？

- **天氣酷熱時**：當氣溫高升，清涼解渴的水割威士忌當然優先考慮。
- **享用佳餚時**：威士忌能取代葡萄酒，成為貫穿餐宴的角色。它也是日本高級餐廳常見的佐餐酒。
- **初次享用威士忌時**：水割威士忌神奇的魅力，一定能讓那些宣稱「絕不會喜歡威士忌」的人頑石點頭。

適合水割的威士忌？

- 一甲竹鶴 12 年
- 山崎 12 年
- 白州 12 年

水割變奏版

- **高飛球（Highball）**：你嗜喝氣泡飲料嗎？這就是為你量身打造的雞尾酒！只要用氣泡水取代水割威士忌中的礦泉水，效果保證令人驚豔。這種調酒在日本大受好評，連三得利（Suntory）都推出了「角 High」易開罐。往來東京與大阪的商務人士搭乘新幹線時總以喝啤酒為樂，現在紛紛變心改喝這種威士忌氣泡調酒。

- **半水半威士忌（twice up）**：覺得水割威士忌平淡無味，但還是想試看看威士忌兌水，那一比一的 twice up 就是你的首選。一份威士忌兌一份礦泉水，盛在葡萄酒杯中享用，多有氣質啊！

威士忌冰球

不需要置身北極，也可以雕刻冰球。
日本人的技術將顛覆你品飲威士忌的方式。

來自日本的技藝

冰球到底是什麼，能吃嗎？

　　不要隨便在威士忌裡加冰塊，這是黃金圭臬。不過這顆冰球與一般冰塊完全不同，它能冰鎮而不稀釋你珍貴的威士忌。這項來自東瀛的美學，是調酒師精湛技藝的見證。雕刻冰球是貨真價實的功夫，身懷此項絕技的調酒師僅有少數幾人。

製作冰球的工具？

　　有人利用極為鋒利的刀刃來雕刻冰球，不過最常見的仍是使用兩種冰鑿：單錐的鑿子用來粗削冰塊並鑿出方形，三錐的鑿子則能精確地雕刻出圓球形狀。

冰球有什麼效果？

　　從大冰塊鑿出來的冰球具有完美球面，能與威士忌杯的尺寸無縫吻合，冰鎮的效果也因此比一般冰塊更好。奧祕在於冰球中沒有任何一個氣泡，不僅融化速度極為緩慢，看起來、嚐起來也更晶透純淨。

名符其實的慎重儀式

01
球體的形狀

酒保僅利用一隻小冰鑿,就能將冰塊變為一顆球。除了得非常專心謹慎,也要有好眼力。

02
置入酒杯

將冰球滑入已經加了水的杯子中,快速搖晃旋轉多次,讓杯子迅速降溫。

03
倒入威士忌

將杯中的水倒掉,接著小心翼翼地從冰球頂端傾注威士忌。輕輕搖晃冰球,直至兩者的溫度達到均衡。

如何在家中自製冰球?

老實說,我們不建議你在家自製冰球。你很可能最後發現自己身處急診室,手上還插著冰鑿。

不過只要有矽膠製的冰球模型,在家享用冰球威士忌也不是完全不可行。將平常調酒用的水(千萬別用自來水)注入模型,放進冷凍庫平坦處即可。結束後將冰球從模型中取出,你就可以從步驟二開始進行,照樣讓朋友對你刮目相看!

分秒必爭

專業酒保雕刻出一顆冰球需要約兩分鐘的時間。在室溫 20℃ 下,冰球能維持將近三十分鐘不融化,正好是你品嚐威士忌的絕佳時機。假如你想做個實驗,會發現一般冰塊在經過半小時後幾乎消融無蹤,這樣一來你不過就是加水稀釋了杯中的威士忌而已。

適合冰球的威士忌?

想當然耳,這項日本技藝跟日本威士忌肯定合拍。不過你還是可以搭配你最愛的威士忌,發掘它的另一種風情。

調酒的基本工具

就算不是職業酒保，也能調出美味的雞尾酒。
學會這幾個訣竅定能讓你技驚四座，或者，至少能成功調出一杯雞尾酒。

 喬治爺爺小撇步

使用調酒杯與攪拌匙，請用拇指、食指與中指
拿住湯匙。

雪克杯

　　這是最常使用的制式調酒工具，也是最方便的。
它能快速降低酒的溫度，前提當然是你沒忘記放冰
塊。雪克杯分為兩件式和三件式（多一層濾孔），要
如何使用呢？首先在杯裡放入所有原料跟冰塊，蓋緊
杯蓋，然後使勁搖晃直到杯壁冷卻出現小水珠。如果
雪克杯卡住打不開，用拇指由下往上斜推，或者用力
敲擊雪克杯的側面。

調酒杯

　　你可能會有一個印象，就是調雞尾酒一定要用
雪克杯。然而有些雞尾酒只需要攪拌而不能搖晃，做
法相當簡單，你只需要一個調酒杯（波士頓雪克杯的
玻璃杯就非常適用）跟一支攪拌匙（大約咖啡匙的大
小，但有一根很長的柄，可以攪拌杯底的材料而不需
沾濕手指）。

喬治爺爺小撇步

記得一定要把盛裝雞尾酒的酒杯先冷藏或冷凍。有冰涼的杯子才有冰涼的雞尾酒。

高科技雪克杯

雪克杯自從問世以來並沒有任何改變,不過來到了二十一世紀的網路時代,調酒世界當然也難免受到新科技的影響。現在就連雪克杯也可以透過藍芽連線,與手機上的應用程式相連。當你選好雞尾酒的種類,應用程式上就會列出所需材料,連線的雪克杯也會指引你依序倒入各個材料的份量,內建的加速表還能教你如何正確搖晃雪克杯。

選擇酒杯

錯誤的杯子無法完美襯托調酒的美味,而且效果其實會變得蠻糟糕的。精心挑選一個相襯的杯子(陽剛、陰柔、優雅、休閒……),然後注入恰到好處的雞尾酒(不要太滿也不要太少),才不會辜負你的一番苦心。

雙頭量杯

調酒的時候,比例非常重要,稍有差池就會改變整杯酒的味道。傳統的量杯有一邊比較大,容量四毫升,較小的一邊是兩毫升。如果你沒有量酒杯,可以使用酒瓶蓋,一般瓶蓋的容量約為兩毫升。

搗棒

這個用來搗壓材料使其釋出芳香的工具,必須在裝了香料或水果的容器裡來回按壓,才能達到效果。然而不當的容器可能會讓搗壓的過程變成家暴現場,如果你手邊只有玻璃容器,一定要確定它夠結實牢固,以免用力搗壓讓玻璃碎裂,割傷了手。

濾冰器

你調製的是雞尾酒,不是濃湯,必須仔細過濾杯中最重要的成分:液體。常見的濾冰器有兩種,分別是霍桑彈簧圈隔冰匙(Hawthorne)和朱利普隔冰匙(Julep)。最主要的功能就是濾除冰塊或果渣,避免影響雞尾酒的口感。

無可取代的經典威士忌調酒

人們從十九世紀就開始喝威士忌雞尾酒了，
其中有幾款甚至還被列入調酒殿堂的經典呢！

愛爾蘭咖啡 / IRISH COFFEE

沒錯，雞尾酒當然也可以熱熱喝！愛爾蘭咖啡可說是最出名的威士忌飲料。然而弔詭的是，愛爾蘭咖啡在全世界都很受歡迎，在它的祖國愛爾蘭卻只有觀光客會點來喝。至於愛爾蘭咖啡的典故，版本不計其數，大概就跟愛爾蘭的橄欖球數目一樣多。

歷史典故

1940 年代初期，橫跨大西洋兩岸的航班大多以愛爾蘭西部的香農鎮（Shannon）為中繼站。有位調酒師看到那些因為氣候驟變而凍得半死的可憐美國旅客，靈機一動，在他們的咖啡裡加了一些威士忌。一位重獲溫暖的旅客問調酒師，咖啡是否來自巴西？這位正直的調酒師直言：「不，這是愛爾蘭咖啡！」直到現在，香農機場還有一塊牌匾緬懷著這段軼事。

所需材料

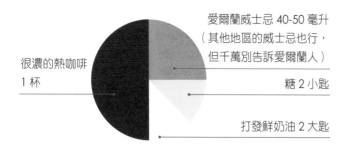

很濃的熱咖啡 1 杯

愛爾蘭威士忌 40-50 毫升（其他地區的威士忌也行，但千萬別告訴愛爾蘭人）

糖 2 小匙

打發鮮奶油 2 大匙

調製方法

01 在咖啡杯中倒入咖啡、威士忌與糖。

02 仔細將糖攪至溶化。

03 將打發鮮奶油小心翼翼地倒入咖啡杯，避免與咖啡混和在一起。

04 可隨個人喜好撒上肉桂粉或巧克力粉。

古典雞尾酒 / OLD FASHIONED

如果你是影集《廣告狂人》的忠實觀眾，這款雞尾酒對你來說一定不陌生，因為裡頭的演員每一季都要喝掉好幾公升。

歷史典故

　　讓我們穿越時空，橫跨大西洋，來到 1881 至 1884 年間的肯塔基州路易維爾鎮。這裡的一位調酒師為了向波本威士忌蒸餾廠的主人埃利葉·佩珀（Elijah Pepper）致意，而發明了古典威士忌。

　　佩珀一試成主顧，自此每到一個地方就大力宣傳，古典雞尾酒因而聲名大噪。也因為這款調酒的名氣太響亮，連盛裝的杯子都以它來命名。你要來杯以古典雞尾酒杯盛裝的古典雞尾酒嗎？

　　在美國禁酒的那段時代，古典雞尾酒也必須進行偽裝以逃避查緝。為了掩蓋酒精的氣味，人們會特別加上檸檬皮屑和氣泡水。

所需材料

安格士苦精（Angstura bitters）6 滴

波本威士忌 50 毫升

方糖 1 塊

調製方法

01 將方糖放進杯中，淋上柑橘苦精，再淋上一滴威士忌。

02 用攪拌匙將方糖壓碎，然後攪拌使其完全溶解。

03 加入冰塊與威士忌。

04 在杯緣加一片柳橙或一顆瑪拉斯奇諾酒漬櫻桃（Maraschino）做裝飾。

曼哈頓 / MANHATTAN

讓我們再次啟程前往美國，這次落腳紐約，一個充滿各式各樣調酒的花花城市。總歸來說，
曼哈頓雞尾酒是少數能讓威士忌與其他烈酒水乳交融的完美調酒。

歷史典故

　　一般認為曼哈頓雞尾酒誕生於曼哈頓俱樂
部，當時英國首相邱吉爾的母親在此舉辦盛宴，
酒保特地為她調製了這款雞尾酒。

　　然而另一則傳說的可信度似乎高一些：大
約 1890 年代，一位最高法院的法官特魯瓦克斯
（Charles Henry Truax）因嗜飲馬丁尼，深受
肥胖之苦。他向一位調酒師問津，希望對方調製
一款能讓他擺脫劣習的新調酒，若能保留一點點
馬丁尼風味就更完美了。歷史倒是沒有告訴我們
這位法官最後是否成功減重……

所需材料

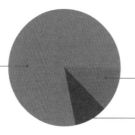

裸麥威士忌
或波本威士忌
40 毫升

紅標香艾酒
（Red Vermouth）
20 毫升

安格士苦精 12 滴

調製方法

01 將所有材料倒入調酒杯。

02 加入冰塊。

03 以攪拌匙混和均勻。

04 用朱利普隔冰匙濾除冰塊並倒入杯中。

05 在杯子底部加入一顆櫻桃。

薄荷朱利普 / MINT JULEP

薄荷朱利普是清涼解渴的雞尾酒首選，而且非常容易調製。它的外觀與內涵同等重要，通常以銀杯裝盛。拋開你的莫希多（Mojito）吧，該換口味試試薄荷朱利普了！

歷史典故

　　薄荷朱利普的歷史可遠溯至西元四百年的波斯飲料 Julab，那是一款加了水、糖、蜂蜜和水果的無酒精飲品，並且屬於醫藥用途。到了十八世紀，地中海沿岸居民也會喝加了薄荷的烈酒來解渴。

　　關於這種調酒的首次文獻記載，出自 1787 年美國維吉尼亞州的一名紳士之筆。當時薄荷朱利普調酒使用的是甘邑與蘭姆酒，直到二十世紀初才被威士忌取代。

喬治爺爺小撇步

預先混和薄荷、糖漿與苦精，並置於冰箱數小時，可使威士忌更能吸飽薄荷的香氣。

所需材料

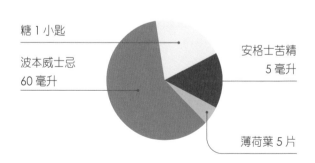

糖 1 小匙

波本威士忌
60 毫升

安格士苦精
5 毫升

薄荷葉 5 片

調製方式

01 先將裝雞尾酒的杯子放入冷凍庫十分鐘。

02 去除薄荷梗，然後輕輕搗壓薄荷葉（注意不要把葉子完全壓爛）。

03 將薄荷葉、糖漿和苦精放入冰過的酒杯。

04 加入碎冰塊和威士忌。

05 小心翼翼地攪拌。

06 最後加一小株薄荷裝飾。

威士忌沙瓦 / WHISKY SOUR

沙瓦（意指苦澀）是非常方便調製的雞尾酒，幾乎所有的烈酒都可以使用，例如皮斯可酸味酒（Pisco）、白蘭地、威士忌、琴酒、蘭姆酒……其他材料也不難取得，像是雞蛋、柑橘、砂糖。

歷史典故

　　傑瑞‧湯瑪斯（Jerry Thomas）於 1862 年出版的《酒保指南》（The Bartender's Guide）中，首次記錄了沙瓦的配方。不過在這之前，以沙瓦為基礎的調酒早已流行了一個多世紀。當時還沒有發明冰箱，地老天荒的漫長旅途（尤其往來歐洲與美洲大陸的航程）使飲用水都變得難以下嚥，甚至會讓水手生病。因此每個船員都有酒類配給，使其不致於口渴難捱。英國海軍中將愛德華‧維爾農（Edward Vernon）為了避免手下喝到爛醉，就在配給的酒裡混和了其他食材，稀釋了蘭姆酒，又另外添加了檸檬或萊姆汁（船上必備，為了預防壞血病），沙瓦就此誕生。

所需材料

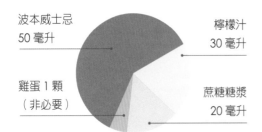

波本威士忌
50 毫升

檸檬汁
30 毫升

雞蛋 1 顆
（非必要）

蔗糖糖漿
20 毫升

調製方式

01 在盛裝雞尾酒的杯子裡加入冰塊。

02 在雪克杯中裝入三分之二滿的冰塊。

03 倒掉雞尾酒杯中冰鎮用的冰塊。

04 將所有材料倒入雪克杯。

05 蓋緊雪克杯，使勁搖晃六至十秒。將混和的酒液倒入雞尾酒杯，並用朱利普隔冰匙濾除冰塊。

06 用牙籤串住櫻桃橫置於杯上，或以柳橙片和檸檬片掛於杯緣裝飾。

07 你也可以加幾滴蛋白，讓調酒的口感更為滑順。這時候就要用「不加冰塊搖晃」（dry shake）的方式，在雪克杯中混和所有材料。這種加了蛋白的沙瓦通常稱為波士頓沙瓦。

G

喬治爺爺小撇步

如果家裡沒有蔗糖糖漿，你可以別出心裁地用氣泡水溶解砂糖來取代。

賽澤瑞克 / SAZERAC

賽澤瑞克的原始版本是以甘邑為基酒，這裡介紹的則是威士忌版本。

歷史典故

1837 年，一名來自法屬聖多明哥的難民裴喬（Antoine-Amédée Peychaud）在紐奧良買下了一間藥局。他研發出一款苦味利口酒，當成補藥販售，也就是現在的裴喬苦精。

後來他結識了約翰‧史勒（John B. Shiller），後者不僅經營賽澤瑞克咖啡店，也是法國里摩日甘邑酒廠「賽澤瑞克父子公司」（Sazerac de Forge et Fils）的代理商。兩人合作，讓咖啡店的酒保雷翁‧拉默特（Léon Lamothe）用甘邑和苦精，調製了史上第一杯賽澤瑞克雞尾酒。

然而到了十九世紀末，根瘤蚜病蟲害席捲法國，甘邑葡萄園也慘遭蹂躪。賽澤瑞克咖啡店幾經易主，新主人湯瑪斯‧韓帝（Thomas H. Handy）決定用裸麥威士忌取代干邑白蘭地，威士忌版的賽澤瑞克雞尾酒應運而生。

所需材料

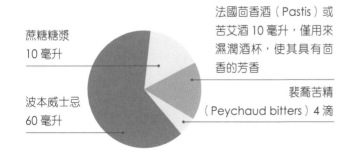

蔗糖糖漿
10 毫升

波本威士忌
60 毫升

法國茴香酒（Pastis）或苦艾酒 10 毫升，僅用來濕潤酒杯，使其具有茴香的芳香

裴喬苦精
（Peychaud bitters）4 滴

調製方式

01 在盛裝雞尾酒的杯子中倒入冰塊、茴香酒和水，讓杯子冰鎮。

02 將杯子倒空。

03 將所有材料倒入酒杯（除了茴香酒），稍微攪拌均勻。

04 撒上檸檬皮屑做裝飾。

以波本威士忌為主角的雞尾酒

雪克杯調製
馬丁尼杯享用

美國派馬丁尼

AMERICAN PIE MARTINI

波本威士忌 40 毫升
杜松子酒 20 毫升
藍莓香甜酒 20 毫升
越橘果汁 20 毫升
蘋果汁 10 毫升
現擠萊姆汁 5 毫升

調酒杯調製
威士忌杯享用

黑玫瑰

BLACK ROSE

波本威士忌 30 毫升
干邑白蘭地 30 毫升
石榴糖漿 10 毫升
裴喬苦精 9 滴
安格士苦精 3 滴

雪克杯調製
柯林杯（Collins glass）享用

布萊頓潘趣酒

BRIGHTON PUNCH

波本威士忌 50 毫升
班尼狄克丁香甜酒 50 毫升
（Bénédictine）
干邑白蘭地 50 毫升
鳳梨汁 80 毫升
現擠檸檬汁 60 毫升

調酒杯調製
笛型香檳杯享用

亞美利加諾

AMERICANO

方糖 1 塊
安格士苦精 12 滴
波本威士忌 20 毫升
香檳，最後倒滿酒杯

雪克杯調製
碟型香檳杯或馬丁尼杯享用

布林克博士

BLINKER

波本威士忌 60 毫升
石榴糖漿 10 毫升
新鮮葡萄柚汁 30 毫升

雪克杯調製
碟型香檳杯或馬丁尼杯享用

布朗德比

BROWN DERBY

波本威士忌 50 毫升
粉紅葡萄柚汁 30 毫升
楓糖漿 10 毫升

調酒杯調製
馬丁尼杯享用

布魯克林 1 號

BROOKLYN #1

波本威士忌 70 毫升
瑪拉斯奇諾櫻桃利口酒 10 毫升
（Maraschino）
馬丁尼紅標香艾酒 20 毫升
（Martini Rosso）
安格士苦精 9 滴

雪克杯調製
馬丁尼杯享用

藍草

BLUEGRASS

小黃瓜 1 塊（4 公分），去皮切小塊
並搗碎
波本威士忌 50 毫升
艾普羅香甜酒（Apérol）20 毫升
糖漿數滴
安格士苦精 3 滴
柑橘苦精 3 滴

雪克杯調製
馬丁尼杯享用

大道

AVENUE

新鮮百香果 1 顆
波本威士忌 30 毫升
卡爾瓦多斯蘋果白蘭地 30 毫升
（Calvados）
石榴糖漿 10 毫升
橙花水數滴
柑橘苦精 3 滴
冰礦泉水 2 毫升

雪克杯調製
威士忌杯享用

黛西公爵

DAISY DUKE

波本威士忌 60 毫升
石榴糖漿 20 毫升
現擠檸檬汁 30 毫升

雪克杯調製
馬丁尼杯享用

柑橘波本丁尼

MAN-BOUR-TINI

波本威士忌 20 毫升
拿破崙柑橘香甜酒 30 毫升
（Mandarine Napoléon）
現擠萊姆汁 20 毫升
越橘果汁 60 毫升
糖漿 10 毫升

雪克杯調製
威士忌杯享用

舊金山沙瓦

FRISCO SOUR

波本威士忌 60 毫升
班尼狄克丁香甜酒 20 毫升
檸檬汁 20 毫升
糖漿 10 毫升
蛋白 1/2 顆

調酒杯調製
馬丁尼杯享用

路易斯安那

DE LA LOUISIANE

波本威士忌 60 毫升
班尼狄克丁香甜酒 10 毫升
安格士苦精 3 滴
冰水 10 毫升

雪克杯調製
威士忌杯享用

楓葉

MAPLE LEAF

波本威士忌 60 毫升
現擠檸檬汁 20 毫升
楓糖漿 10 毫升

調酒杯調製
威士忌杯享用

楓葉古典雞尾酒

MAPLE OLD FASHINED

波本威士忌 60 毫升
安格士苦精 6 滴
楓糖漿 20 毫升

調酒杯調製
馬丁尼杯享用

至尊雞尾酒

DANDY COCKTAIL

波本威士忌 50 毫升
柑橘酒（Triple Sec）2 毫升
紅杜本內酒（Dubonnet）50 毫升
安格士苦精 3 滴

雪克杯調製
威士忌杯享用

水果沙瓦

FRUIT SOUR

波本威士忌 30 毫升
柑橘酒 30 毫升
現擠檸檬汁 30 毫升
蛋白 20 毫升

雪克杯調製
馬丁尼杯享用

摩卡馬丁尼

MOCCA MARTINI

波本威士忌 50 毫升
熱濃縮咖啡 30 毫升
貝禮詩奶酒 2 毫升
可可香甜酒 2 毫升
鮮奶油 2 毫升，最後加在酒杯上

以波本威士忌為主角的雞尾酒

調酒杯調製
馬丁尼杯享用

酢漿草 1 號

SHAMROCK #1

波本威士忌 70 毫升
綠薄荷香甜酒 1 毫升
紅標香艾酒 30 毫升
安格士苦精 6 滴

調酒杯調製
威士忌杯享用

老廣場

VIEUX CARRE

波本威士忌 30 毫升
干邑白蘭地 30 毫升
班尼狄克丁香甜酒 10 毫升
紅標香艾酒 30 毫升
安格士苦精 3 滴
裴喬苦精 3 滴

雪克杯調製
馬丁尼杯享用

第八區

WARD EIGHT

波本威士忌 70 毫升
現擠檸檬汁 20 毫升
現擠柳橙汁 20 毫升
石榴糖漿 10 毫升
冷水 20 毫升

雪克杯調製
馬丁尼杯享用

紅蘋果

RED APPLE

波本威士忌 50 毫升
蘋果利口酒 20 毫升
越橘果汁 60 毫升

雪克杯調製
馬丁尼杯享用

吐司與柳橙馬丁尼

TOAST & ORANGE MARTINI

波本威士忌 60 毫升
柑橘果醬 1 匙
裴喬苦精 9 滴
糖漿數滴

調酒杯調製
碟型香檳杯或馬丁尼杯享用

華爾道夫雞尾酒 1 號

WALDORF COCKTAIL #1

波本威士忌 60 毫升
紅標香艾酒 30 毫升
苦艾酒 5 毫升
安格士苦精 6 滴

以調酒杯調製
威士忌杯享用

郊區

SUBURBAN

波本威士忌 50 毫升
蘭姆酒 20 毫升
琥珀型波多酒 20 毫升
（Porto Ambré）
安格士苦精 3 滴
裴喬苦精 3 滴

調酒杯調製
碟型香檳杯或馬丁尼杯享用

老軍艦

VIEUX NAVIRE

卡爾瓦多斯蘋果白蘭地 30 毫升
波本威士忌 30 毫升
紅標香艾酒 30 毫升
苦精 3 滴
楓糖苦精 3 滴

傑瑞·湯瑪斯
Jerry Thomas (1830-1885)

如果你一邊閱讀這一章，一邊享受手中的雞尾酒，
那你一定要認識傑瑞·湯瑪斯，他可是被尊為雞尾酒先驅的神級人物。

　　傑瑞·湯瑪斯出生於 1830 年的紐約，年輕時候的他剛好趕上來勢洶洶的淘金熱潮，興致勃勃地跨越了整個美國到加州淘金。但很可惜，他的發財夢終究沒有實現，只好回歸酒保的老本行。

　　他在二十一歲那年回到紐約，在巴納姆博物館（Barnum's American Museum）樓下開了間酒吧。他的調酒技巧日益精純，店內使用的銀器也頗為吸睛，再加上其招搖的打扮和誇張的動作，人們開始將他標新立異的作風稱作花式調酒（flair），當時無人能出其右。

　　他開始到美國與歐洲各地巡迴表演，備受矚目不在話下，引起不少人仿效。當時他每週約有一百美元進帳，賺得比美國副總統還多。

　　三十一歲時，他撰寫了美國史上第一本以雞尾酒為主題的書：《酒保指南》（Bartender's Guide）。昔日的調酒配方僅以口耳相傳，他不僅將傳統雞尾酒配方寫成白紙黑字，更加入了個人獨創的巧思。

　　湯瑪斯的雞尾酒配方不斷推陳出新，手法與技術也日新月異。他最知名的獨創酒譜是「藍色烈焰」（Blue Blazer）：在兩只銀製調酒杯中來回傾注燃燒的威士忌，形成一彎美麗的藍色弧形火焰！傳說是有位顧客衝進他的酒吧大喊：「給我一杯能暖心暖胃的神之焰吧！」看來我們還真要感謝那個人呢。

以調和式威士忌為主角的雞尾酒

雪克杯調製
威士忌杯享用

法蘭西威士忌沙瓦
FRANCH WHISKY SOUR

蘇格蘭調和式威士忌 60 毫升
利加茴香酒（Ricard）15 毫升
現擠檸檬汁 30 毫升
糖漿 15 毫升
蛋白 1/2 顆
安格士苦精 9 滴

雪克杯調製
碟型香檳杯享用

哈洛與茂德
HAROLD & MAUDE

蘇格蘭調和式威士忌 30 毫升
蘭姆酒 30 毫升
檸檬汁 20 毫升
玫瑰糖漿 10 毫升
薰衣草糖漿 5 毫升

調酒杯調製
托迪杯（Toddy glass）享用

火熱托迪
HOT TODDY

液態蜂蜜 1 匙
蘇格蘭調和式威士忌 60 毫升
檸檬汁 20 毫升
糖漿 20 毫升
丁香 3 顆
熱水，最後倒滿酒杯

調酒杯調製
馬丁尼杯享用

蜂蜜果醬達姆
HONEY & JAM DRAM

蘇格蘭調和式威士忌 60 毫升
液態蜂蜜 4 匙
現擠檸檬汁 30 毫升
現擠柳橙汁 30 毫升

雪克杯調製
馬丁尼杯享用

黃金
GOLD

蘇格蘭調和式威士忌 50 毫升
柑橘酒 30 毫升
香蕉利口酒 30 毫升
冰水 20 毫升

玻璃杯調製
柯林杯享用

媽咪泰勒
MAMIE TAYLOR

蘇格蘭調和式威士忌 60 毫升
現擠萊姆汁 10 毫升
薑汁汽水，最後倒滿酒杯

雪克杯調製
馬丁尼杯享用

赭金
GE BLONDE

蘇格蘭調和式威士忌 50 毫升
蘇維濃白酒 40 毫升
蘋果汁 30 毫升
糖漿 10 毫升
現擠檸檬汁 10 毫升

調酒杯（蜂蜜與威士忌）
及雪克杯調製
碟型香檳杯享用

蜂蜜酷伯樂
HONEY COBBLER

液態蜂蜜 2 匙
蘇格蘭調和式威士忌 50 毫升
紅酒 30 毫升
勃根地黑醋栗香甜酒 10 毫升
（Crème de cassis）

調酒杯調製
笛型香檳杯享用

指甲油
MANICURE

卡爾瓦多斯蘋果白蘭地 30 毫升
蘇格蘭調和式威士忌 30 毫升
蘇格蘭吉寶蜂蜜香甜酒 30 毫升
（Drambuie）

雪克杯調製
柯林杯享用

晨光費茲

MORNING GLORY FIZZ

蘇格蘭調和式威士忌 60 毫升
現擠檸檬汁 20 毫升
糖漿 20 毫升
新鮮蛋白 1/2 顆
苦艾酒 3 滴
氣泡水，最後倒滿酒杯

雪克杯調製
柯林杯享用

梨型 2 號

PAER SHAPE #2

蘇格蘭調和式威士忌 60 毫升
干邑白蘭地 30 毫升
現榨蘋果汁 90 毫升
現擠萊姆汁 20 毫升
香草糖漿 10 毫升

雪克杯調製
馬丁尼杯享用

鳳梨花

PINEAPPLE BLOSSOM

蘇格蘭調和式威士忌 60 毫升
鳳梨汁 30 毫升
檸檬汁 20 毫升
糖漿 20 毫升

調酒杯調製
古典雞尾酒杯享用

威士忌內格羅尼

SCOTCH NEGRONI

蘇格蘭調和式威士忌 30 毫升
金巴利比特酒 30 毫升
（Campari Bitter）
紅標香艾酒 30 毫升

調酒杯調製
馬丁尼杯享用

佩斯利馬丁尼

PAISLEY MARTINI

琴酒 80 毫升
蘇格蘭調和式威士忌 10 毫升
極干型香艾酒 20 毫升
（Vermouth extra dry）

雪克杯調製
馬丁尼杯享用

威士忌牛奶潘趣

SCOTCH MILK PUNCH

蘇格蘭調和式威士忌 60 毫升
糖漿 10 毫升
鮮奶油 20 毫升
牛奶 30 毫升

蘇格蘭內格羅尼

SCOTCH NEGRONI

蘇格蘭調和式威士忌 30 毫升
金巴利苦味利口酒 30 毫升
紅標香艾酒 30 毫升

以單一麥芽威士忌
為主角的雞尾酒

雪克杯調製
碟型香檳杯
或馬丁尼杯享用

但丁菲奈特

DANTES IN FERNET

單一麥芽威士忌 30 毫升
菲奈特布蘭卡比特酒 60 毫升（Fernet Branca Bitter）
血橙汁 30 毫升
楓糖漿 1 毫升
巧克力苦精數滴（Xocolatl Mole bitters）

以單一麥芽威士忌為主角的雞尾酒

調酒杯調製
碟型香檳杯或馬丁尼杯享用

琥珀甘露

AMBER NECTAR

蘇格蘭調和式威士忌 60 毫升
單一純麥泥煤威士忌 10 毫升
液態蜂蜜 2 匙
極干型香艾酒 30 毫升

調酒杯調製
馬丁尼杯享用

中城謬思

MIDTOWN MUSE

單一麥芽威士忌 40 毫升
哈密瓜利口酒 20 毫升
西班牙香草利口酒（Licor 43）20 毫升
安格士苦精數滴
水 20 毫升

雪克杯調製
馬丁尼杯享用

威士忌奶油

WHISKY BUTTER

蘇格蘭調和式威士忌 40 毫升
菲諾雪莉酒（Sherry Fino）30 毫升
黃蕁麻酒（Chartreuse Jaune）10 毫升
荷蘭蛋酒（Liqueur Advocaat）20 毫升
單一純麥泥煤威士忌 10 毫升，最後淋在
酒杯上

以貝禮詩奶酒為主角的雞尾酒

調出分層
一口杯享用

苦艾逃兵

ABSINTHE WITHOUT LEAVE

香蕉甜酒（Pisang Ambon）20 毫升
貝禮詩奶酒 20 毫升
苦艾酒 10 毫升

調出分層
一口杯享用

B52 轟炸機

B52 SHOT

咖啡利口酒 20 毫升
貝禮詩奶酒 20 毫升
柑曼怡（Grand Marnier）20 毫升

調出分層
一口杯享用

阿帕契

APACHE

咖啡利口酒 20 毫升
香瓜利口酒 10 毫升
貝禮詩奶酒 10 毫升

雪克杯調製
馬丁尼杯裝盛享用

檸檬蛋白霜馬丁尼

LEMON MERIGUE MARTINI

伏特加 60 毫升
貝禮詩奶酒 30 毫升
現擠檸檬汁 30 毫升
糖漿 10 毫升

調酒杯調製
馬丁尼杯裝盛享用

薄荷可可馬丁尼

MINT CHOCOLATE MARTINI

伏特加 60 毫升
白可可香甜酒 20 毫升
貝禮詩奶酒 20 毫升
榛果利口酒 20 毫升
黑覆盆莓利口酒 20 毫升
鮮奶油 20 毫升
牛奶 20 毫升

喬治爺爺當酒保

若調酒步驟建議「調出分層」
時，你必須全神貫注地將所有材
料沿著調酒匙的長柄，一一輕緩
流置於杯中，形成不同的分層，
才不會全部混在一起。

約翰·沃克

John Walker（1781-18570）

該來認識這位知名威士忌品牌的幕後推手了。

小名強尼的約翰·沃克自小命運多舛。十四歲那年，父親撒手人寰，家人不得不變賣農場，並且搬到蘇格蘭的奇馬諾克鎮（Kilmarnock）開了家小雜貨店。約翰極有生意頭腦，不消幾年就成為當地最受敬重的商人。他對威士忌一直情有獨鍾。那時的雜貨店裡不乏單一麥芽威士忌，只是品質良莠不齊。約翰為了向顧客提供品質穩定且風味精緻的威士忌，決定自創品牌，販售獨家裝瓶的調和式威士忌。

1857 年，約翰蒙主寵召後，由兒子亞歷山卓繼承家族事業，將彼時已成為雜貨店最主要產品的威士忌發揚光大。他註冊了「陳年高地威士忌」（Old Highland Whisky）商標（即現在的「黑牌」），並發明了著名的方形瓶，以減少航運過程中的撞擊毀損率。他同時邀請眾多貨船船長成為威士忌的代理商，將他的威士忌無遠弗屆地運送到世界上每一個港口。也難怪在 2015 年，約翰走路（Johnnie Walker）成為全球銷售量排名第三的威士忌品牌。

以威士忌為基底的酒

威士忌並非高高在上，也不是孤芳自賞的孤獨隱者。
由威士忌所衍生的飲料多如繁星，滋味也各有千秋！

威士忌利口酒

　　威士忌利口酒源自蘇格蘭或愛爾蘭，人們根據不同配方，在威士忌裡加入香草植物、香料、蜂蜜以及其他成分。它的酒精度通常在15%左右，但絕不會超過20%。最古老也最知名的威士忌利口酒，是蘇格蘭的吉寶蜂蜜香甜酒（Drambuie），蓋爾特語意為「稱心快意的飲料」，主要成分為蘇格蘭調和威士忌和歐石楠花蜜。

威士忌奶酒

　　大家最熟悉的威士忌奶酒，就是大名鼎鼎的貝禮詩（Baileys），各大超市都買得到。它與約翰走路（Johnnie Walker）、珍寶（J&B）等知名品牌同屬於英國帝亞吉歐（Diageo）集團旗下，成分主要是糖、鮮奶油、愛爾蘭威士忌和香草植物。其他還有以艾德多爾單一麥芽威士忌為基酒的艾德多爾奶酒（Edradour Cream Liqueur）。

當蘇格蘭碰上愛爾蘭

　　有一款威士忌調酒，可以讓兩個親密敵人一杯泯恩仇！

　　愛爾蘭之霧（Irish Mist）是帶有蜂蜜及香草植物芳香的愛爾蘭利口酒，讓人聯想到只有愛爾蘭家族首長才能享用的歐石楠燒酒。用愛爾蘭之霧和蘇格蘭的吉寶蜂蜜香甜酒互相調和出的「生鏽迷霧」（Rusty Mist），美妙的味道或許能讓這威士忌世紀之爭於杯觥交錯中浮現和平曙光……

蒸餾廠置身事外？

如果你以為蒸餾廠會斜眼看待這些威士忌的「旁門左道」，那就大錯特錯了。越來越多的蒸餾廠爭相研發配方，認為這是開發新客群的大好機會，也能提供大眾耳目一新的品酒體驗。

調味威士忌方興未艾

把威士忌浸泡萊姆？蜂蜜？水果？別嚇到從椅子上摔下來，這些只是以威士忌為基底的調味烈酒，並非正港威士忌。調味威士忌的酒精度通常是 35%，而威士忌則一定要 40% 以上。

這些調味產品是為了不愛威士忌或不習慣威士忌的人量身打造的，此外也能讓威士忌雞尾酒更具驚奇出眾的風味。所以別小看這些調味威士忌，許多重量級的品牌都砸下了令人瞠目結舌的資金，打算將調味威士忌納入軍隊，與傳統威士忌分庭抗禮。

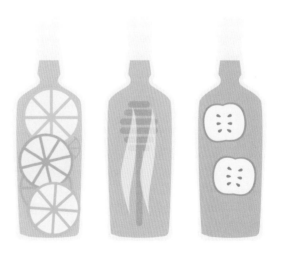

N˜6

威士忌的世界版圖

有瓶威士忌在手，很好。能了解這瓶威士忌的背景，更好！抽空拜訪離你最近的蒸餾廠，在原產地品嚐威士忌的風味與情懷，挑選名釀來豐富你的收藏，甚至來一趟環遊世界之旅，讓我們朝著威士忌啟程吧，也許會有始料未及的收穫喔！

蘇格蘭

要想將威士忌和蘇格蘭這兩個名詞分開，簡直是天方夜譚！

威士忌界的巨人

　　與蘇格蘭威士忌相關的數字都極為龐大，當地有超過一百家蒸餾廠，以及兩百個以上的單一麥芽威士忌品牌（還沒算入調和式威士忌）。每年的出口銷售額是三十九億五千萬英鎊，相當於每秒鐘就有四十瓶蘇格蘭威士忌銷往世界各地。

蘇格蘭的風土環境

　　自 1980 年開始，蘇格蘭威士忌工業為了讓消費者在選購時有個參考，決定按照風土條件來劃分威士忌。這與葡萄酒的分類異曲同工，例如我們可以明白勃根地和波爾多釀製的酒有什麼不同的特色。不過這種分類方式跟葡萄酒仍有其根本上的差異，因為威士忌的主要成分（大麥）不一定產自蘇格蘭，而是來自其他國家。但水質、專業技術與特有習俗，都是成就地區風土特色不可或缺的元素。當然，凡事還是有例外的！

蒸餾廠魅影

　　蘇格蘭的鬧鬼城堡舉世聞名，連蒸餾廠也承襲了這項「傳統」。坎培爾鎮的格蘭帝（Glen Scotia）蒸餾廠就有一則瀰漫威士忌酒香的鬼魂傳說……1928 年，蒸餾廠被迫關閉，其中一位經營者鄧肯·麥卡倫（Duncan MacCallum）想不開，於 1930 年跳入坎培爾湖自盡。1933 年，蒸餾廠重新啟動之後，他的一縷魂魄就在廠內遊蕩，一直到現在……

高地區
HIGHLANDS

艾雷島
ISLAY

坎培爾鎮
CAMPBELTOWN

斯佩河畔區
SPEYSIDE

麥卡倫 64 年
單一麥芽威士忌

低地區
LOWLANDS

蘇格蘭還有威士忌嗎？

　　謠傳蘇格蘭的威士忌已經快被全世界喝光了，然而真實的情況恰恰相反。酒廠的酒庫中仍然堆滿佳釀，超過兩千萬個酒桶好整以暇地等待著最佳賞味時機。不過面迎高漲的消費需求，市面上出現越來越多無年分威士忌。雖沒有標明年分，但一定都是入桶三年以上的威士忌。這個做法讓威士忌品牌能盡快推出新釀，以因應廣大的消費市場。

一瓶 462,780 歐元的威士忌

　　2010 年紐約拍賣會上，售出了全世界最貴的威士忌。這可不是普通的威士忌，酒瓶是由法國萊儷水晶（Lalique）設計製造，瓶身是有史以來最高（71 公分），容量也是最大（6 公升）。瓶裡裝的佳釀是麥卡倫 64 年單一麥芽威士忌，你可以想像一下喝起來是什麼味道……

從日本到蘇格蘭

　　日本三得利（Suntory）在蘇格蘭擁有三座蒸餾廠：歐肯特軒（Auchentoshan）、威鹿（Glen Garioch）和波摩（Bowmore）。他的競爭對手一甲（Nikka）也在當地擁有一座班尼富（Ben Nevis）蒸餾廠。所以有這麼一個傳說，在日本某些調和式威士忌中摻有少量的蘇格蘭威士忌……

蘇格蘭格紋

提到蘇格蘭，同樣不可能遺忘他們的格子裙。當你和穿著格紋服飾的蘇格蘭人擦肩而過，
你比較好奇的是格紋圖案代表的意義，還是短裙底下的風光呢？

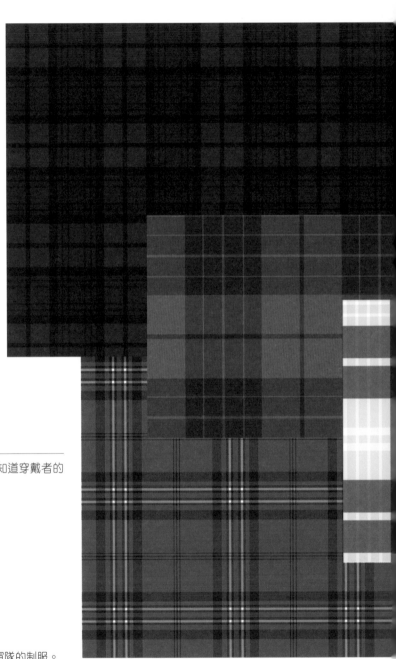

什麼是蘇格蘭格紋？

　　指的是不同色彩的直橫條紋交錯織成的彩色布料，不僅是蓋爾特民族的經典圖騰，也是蘇格蘭高地的特產。最知名的當然就是蘇格蘭格紋短裙了。

一點小歷史

　　蘇格蘭格紋第一次出現在 1538 年，到了 1700 年左右，格紋已經可以用來辨別不同區域的住民。在「英俊王子」查爾斯·愛德華·斯圖亞特（Charles-Édouard Stuart）發動叛變之後，英格蘭派兵攻佔蘇格蘭，並於 1747 年禁止人們穿戴格紋服飾。一直到 1820 年，有人在織布工人留下來的筆記中發現格紋圖案，才讓蘇格蘭格紋重現往日光彩。十九世紀末的蘇格蘭望族都擁有家族專屬的格紋，做為身分地位的區別與象徵。

從你的格紋看出你是誰

　　傳說只要觀察格紋的顏色，就能知道穿戴者的身分地位：

· 單一顏色是傭僕。

· 雙重顏色是鄉民與農民。

· 三種顏色是官員。

· 五種顏色是首長。

· 六種顏色是祭司或詩人。

· 七種顏色是國王。

· 紅黑色的格紋則代表戰爭，常用於軍隊的制服。

蘇格蘭短裙是怎麼一回事？

短裙下面究竟有沒有穿？這問題困擾你很久吧。答案很簡單，只要去看看蘇格蘭軍隊就知道了——穿蘇格蘭短裙不穿內褲，才是軍隊鐵的紀律！以後當你在觀賞蘇格蘭傳統遊行時，也許會有不一樣的感受⋯⋯

如果你心血來潮，想穿蘇格蘭短裙品飲威士忌，別忘了在你右邊的襪子裡藏一柄「隱蔽之刀」（Sgian Dubh），除了隨時可以切些水果乳酪，還可以自我防衛。

認真嚴肅的格子

跟品牌標誌一樣，格紋也受到「蘇格蘭格紋註冊協會」的專利保護。你可以創作舉世無雙的獨特格紋，經協會批准之後，就能像個現代麥克·雷格爾＊一樣欺世盜名啦！

＊譯注：麥克雷格爾（MacGregor）是十九世紀初的一位蘇格蘭軍人，曾參與南美洲獨立戰爭。1820 年，他回到英國聲稱自己是某個虛構國家 Poyais 的主人，並向貴族銷售這塊不存在的土地。

蘇格蘭望族的歷史

蘇格蘭傳統社會以氏族部落為基礎，從姓氏和身穿的格紋（蘇格蘭短裙）可以看出隸屬於哪一家族。氏族首長具有絕對的權威，不僅主導整個家族的未來，還可決定結盟與作戰的對象。

格紋與龐克

1970 年代的龐克文化為了向統治階層提出批判與反抗，擅自將格紋加入服裝設計，對這個蘇格蘭至高權力的象徵極盡嘲弄之能事。

蘇格蘭格紋日

每年的 4 月 6 日，是蘇格蘭於 1320 年發表獨立宣言的紀念日。蘇格蘭人與北美的蘇格蘭移民後代會在這一天舉行慶祝活動，紀念彼此之間的歷史淵源。

艾雷島

與威士忌密不可分的彈丸之島，腹地雖小，名聲卻享譽國際。

歷史

威士忌的歷史，很可能就是從艾雷島開始。麥克·貝沙（Mac Beatha）家族在艾雷島上建立了第一座蒸餾廠，後來子孫成為貴族的醫生，發明了生命之水，也就是威士忌的原形。

吉拉島上的另一個喬治

要前往吉拉島，只能從艾雷島的阿斯凱克港（Port Askaig）搭船。島上僅有一條容納汽車單向通行的小路、一座蒸餾廠和一間旅館。島上居民僅兩百人，卻有超過六千頭鹿。蒸餾廠位於如此野性十足的原始小島，喝不完的威士忌也只能出口了。

雖然跟威士忌沒有直接關聯，不過作家喬治·歐威爾（George Orwell）就是在這座島上完成了曠世名著《一九八四》（說不定也喝了不少威士忌）。

地理

艾雷島距離蘇格蘭二十七公里，僅有三千居民。小島上有四條溪流，還有八座蒸餾廠以及一座發麥廠。由於四面環海，終年驚濤拍岸，島上有四分之一的土地被泥煤覆蓋，大麥也在此地生長得欣欣向榮。最近幾年艾雷島開始發展觀光，但島上仍保有其原始自然景觀，以及濃濃的人情味。

風味

泥煤是艾雷島威士忌的主要特色。這裡的泥煤與蘇格蘭本土的泥煤來自不同的地衣苔蘚，風味當然也迥然不同。全世界泥煤味最重的威士忌，就是來自艾雷島布萊迪蒸餾廠的奧特摩威士忌（Octomore）。即使如此，別以為艾雷島就只懂得生產泥煤威士忌。布萊迪和布納哈本蒸餾廠也生產只有些微泥煤味，甚至完全無泥煤味的威士忌。

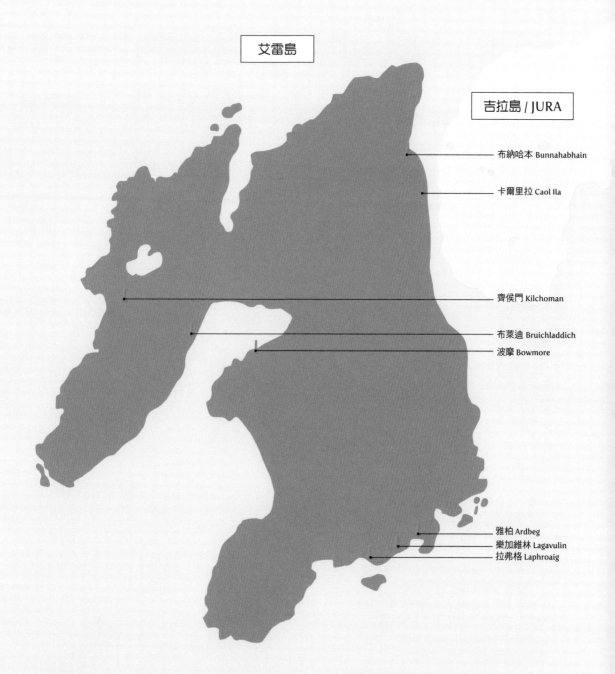

艾雷島

吉拉島 / JURA

布納哈本 Bunnahabhain

卡爾里拉 Caol Ila

齊侯門 Kilchoman

布萊迪 Bruichladdich

波摩 Bowmore

雅柏 Ardbeg
樂加維林 Lagavulin
拉弗格 Laphroaig

如何前往

　　想要充分享受艾雷島朝聖之旅，不可不慎選交通方式。你當然可以從格拉斯哥（Glasgow）搭飛機降落艾雷島機場，但這樣一來就少了些旅行的趣味。最特別的交通方式是從格拉斯哥搭火車到歐本（Oban），車程將近三小時，但沿途美景令人嘆為觀止。然後搭乘小飛機俯瞰吉拉島與艾雷島，將島上的自然美景盡收眼底。另一個有趣的交通方式是搭船，沿著島嶼海岸線逐一辨認映入眼簾的一座座蒸餾廠。

斯佩河畔區

位於高地區中心地帶的斯佩河，常被稱為威士忌的金三角，也是蘇格蘭威士忌的中樞。
這塊方寸之地的蒸餾廠密集度之高，讓斯佩河畔區的領航地位屹立不搖。

歷史

地處荒蕪的叢山峻嶺與偏僻森林之巔，為逃離權威統治的人提供了絕佳的藏匿處。十九世紀的蘇格蘭實施禁酒令，促使斯佩河畔居民在當地政府的默許下開始釀造私酒。

風味

所謂「斯佩河畔風格」，意指威士忌具有圓潤溫和卻層次豐富的特性，而且富含果香與花香。別以為這裡的人只懂得釀製一種風格，有越來越多的蒸餾廠爭相發展出獨一無二的風味，已經與大眾先入為主的印象越來越不一樣了。

地理

斯佩河畔區是蘇格蘭的行政區，東至德弗倫河（Deveron），西至芬霍恩河（Findhorn），南邊以凱恩戈姆山脈（Cairngorms）為界。這裡擁有釀造絕佳威士忌的先天條件，包括：

・來自四條溪流的優良水質。
・孕育優質大麥的肥沃土壤。
・讓威士忌緩慢且穩定熟成的涼爽潮濕氣候。

你知道嗎？

不少調和威士忌的知名品牌所使用的酒桶就來自斯佩河畔區，例如珍寶（J&B）、金鷹堡（Clan Campbell）和約翰走路（Johnnie Walker）。

斯佩河畔區

羅斯愛爾 Roseisle

Glen Morey
格蘭莫雷

英尺高爾 Inchgower

Benromach 本諾曼克

林肯伍德 Linkwood
班瑞克 Benriach

Glenburgie 格蘭柏奇

Miltonduff
米爾頓道夫

朗摩 Longmorn
格蘭愛琴 Glen Elgin

Mannochmore & Glenlossie
曼洛克摩 & 格蘭洛希

詩貝犇 Speyburn

雅墨 Aultmore
史翠艾拉 Strathisla
斯特拉斯米爾 Strathmill

Glen Grant 格蘭冠

Glenrothes 格蘭路思
Craigellachie 魁列奇
The Macallan 麥卡倫
Cardhu 卡杜
Tamdhu 坦杜
Knockando 諾康杜
Glennallachie 格蘭萊奇
Gragganmore 克萊根摩
Tormore 托摩爾
Glenfarclas 格蘭花格

Glen Spey
格蘭斯佩

Aberlour
亞伯樂

格蘭凱茲 Glen Keith
格蘭道奇 Glentauchers
奧斯魯斯克 Auchroisk
百富 The Balvenie
奇富 Kininvie
格蘭菲迪 Glenfiddich
格蘭都蘭 Glendullan
慕赫 Mortlach
德夫鎮 Dufftown
大雲 Dailuaine
本利林 Benriennes
歐特班 Allt-a-Bhainne

Balmenach 包曼納克

格蘭利威 The Glenlivet
都明多 Tomintoul

River Spey
斯佩河

坦納姆林 Tamnavulin

布拉弗 Braeval

斯佩塞 Speyside

格蘭菲迪以年產一千四百萬公升威士忌的驚人產量豔羨眾人,其單一麥芽威士忌的全球銷量更是獨占鰲頭。

1832 年,威士忌合法化之後,格蘭利威是首家取得釀酒執照的蘇格蘭蒸餾廠(歸功於當時的酒廠經理喬治‧史密斯),正式宣告了非法釀酒時代的終結。

低地區

低地區被英格蘭和蘇格蘭高地區南北包夾，形成如同其字面上所指稱的「低窪的土地」。
這裡人口稠密，但是蒸餾廠卻完全相反，數量相當稀少。

歷史

　　蘇格蘭被高地線 * 一分為二，尤其在稅制上更是一地兩制。十八世紀時，高地區享有較低的稅制，低地區則為了因應高稅制，冒著降低品質的風險，開始大量釀酒並銷往英格蘭，而這些酒隨後被加工製成琴酒。英格蘭釀酒廠當然視低地區的競爭對手為眼中釘，設法通過「低地區酒牌法令」，強制釀酒廠在產品出口前的十二個月就必須申報。此舉令低地區的釀酒廠深受打擊，一家接一家關門大吉。

* 譯註：高地線（Highland Line）是從西岸克萊德灣（Clyde River）至東岸泰灣（Tay River）之間的一條假想直線，此線以北統稱高地，以南統稱低地。

地理

　　低地區囊括了幾座大城市（格拉斯哥、愛丁堡），更容納了蘇格蘭百分之八十的人口。這裡的土地也非常適合種植大麥及小麥。

風味

　　低地區釀製的威士忌通常帶點微甜的輕盈口感，還有相當明顯的花香與草本香氣。

穀物蒸餾廠

蘇格蘭有七家穀物蒸餾廠，其中六家位在低地區。大部分的穀物蒸餾酒都會用來製作調和式威士忌，所以此地的威士忌產量也算是相當驚人。

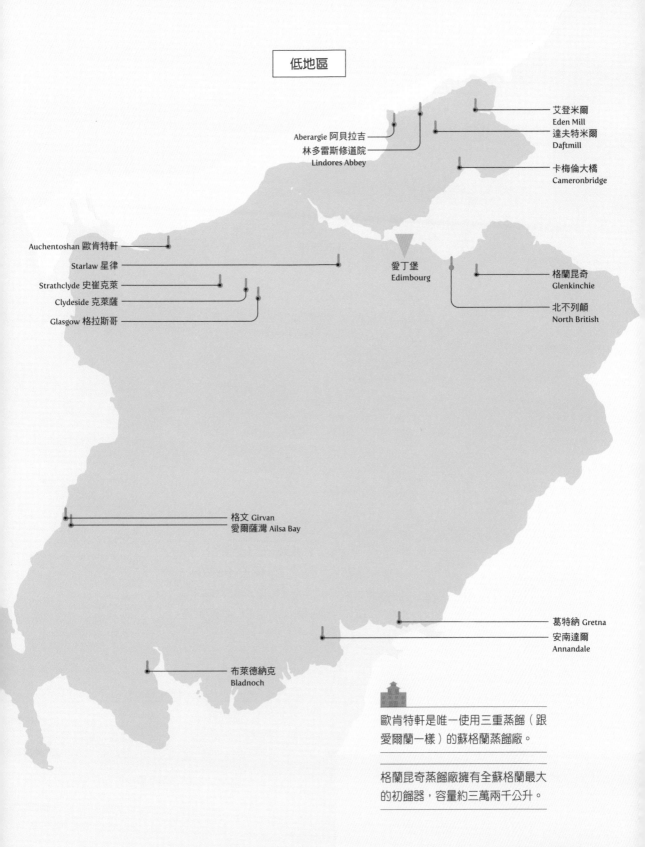

低地區

艾登米爾
Eden Mill

達夫特米爾
Daftmill

Aberargie 阿貝拉吉

林多雷斯修道院
Lindores Abbey

卡梅倫大橋
Cameronbridge

Auchentoshan 歐肯特軒

Starlaw 星律

Strathclyde 史崔克萊

Clydeside 克萊薩

Glasgow 格拉斯哥

愛丁堡
Edimbourg

格蘭昆奇
Glenkinchie

北不列顛
North British

格文 Girvan
愛爾薩灣 Ailsa Bay

葛特納 Gretna
安南達爾
Annandale

布萊德納克
Bladnoch

歐肯特軒是唯一使用三重蒸餾（跟愛爾蘭一樣）的蘇格蘭蒸餾廠。

格蘭昆奇蒸餾廠擁有全蘇格蘭最大的初餾器，容量約三萬兩千公升。

高地區

高地區是蘇格蘭面積最大的疆域，集結了所有蘇格蘭的傳說與特色，
包括湖泊、城堡與延綿不絕的山河美景。

歷史

　　高地區始終有如蘇格蘭的化外之地，十六世紀時
更因為叛亂頻仍，經常遭受鎮壓。蘇格蘭宗教改革花
了很長一段時間才完成，因為高地區的居民不願放棄
信奉天主教。在幾次的獨立戰爭中，通常也是高地區
提供最多的人力壯丁。

地理

　　高地區包含了高地線以北、斯佩河畔區以外的土
地。地勢多丘陵，還有動輒一千公尺以上的高山，英
國的最高峰本尼維斯山（1,344 公尺）正位於此區。

風味

　　高地區幅員遼闊，其特色難以一言以蔽之。有些
人將此地劃分為四區（東、南、西、北）或五區（外
加中區）；有些人則偏好以北方、東方和中央地帶來
區分。無論如何，只有一件事是不會變的：南高地區
的單一麥芽威士忌風味輕盈帶果香，西高地區則是果
香與辛香並重。

 你知道嗎？

在小說《哈利波特》中，霍格華茲巫師學院的
所在地就位在高地區！

為了讓威士忌的窖藏陳釀更完美，格蘭傑蒸餾廠最近幾年開發了一系列「精選設計師橡木桶」，根據不同的酒體打造專屬酒桶，期待能讓威士忌熟成後的風味品質更臻極致。

Highland Park 高原騎士

斯卡帕 Scapa

古狼 Wolfburn

富特尼 Old Pulteney

克里尼利基 Clynelish

Abhainn Dearg 雅拜恩迪爾格（紅河）

Isle of Harris 哈理斯島

多諾赫 Dornoch

格蘭傑 Glenmorangie

Baiblair 巴布萊爾

Dalmore 大摩

Teaninich 提安尼涅克

Invergordon 因弗戈登

Glen Ord 蘇格登

Royal Brackla 皇家布克萊

Isle of Raasay 雷神島

Tomatin 湯瑪汀

Talisker 泰斯卡

圖瓦迪 Toulvaddie

Glenglassaugh 格蘭格拉索

安努特 anCnoc/Knpckdhu

麥克道夫 Macduff

格蘭多納 GlenDronach

威鹿 Glen Garioch

奧德摩爾 Ardmore

雙河 Twin River

皇家藍勛 Royal Lochnagar

Torabhaig 圖拉貝格

Dalwhinnie 達雲妮

Ben Nevis 班尼富

Edradour 艾德多爾

Blair Athol 布萊爾阿索爾

Ardnamurchan 阿德納默肯

Aberfeldy 艾柏迪

Tobermory 托本莫瑞

Ncn'ean 尼昂

Glenturret 陀崙特

Oban 歐本

Fettercairn 費特凱恩

Glencadam 格蘭卡登

艾德多爾 Edradour

史特拉森 Strathearn

阿爾比基 Arbikie

百利登 Tullibardine

汀士頓 Deanston

羅曼德湖 Loch Lomond

格蘭哥尼 Glengoyne

Isle of Jura 吉拉島

愛倫島 Isle of Arran

歐本是麻雀雖小、體質優良的蒸餾廠，廠內的再餾器容量僅四百五十公升，橡木酒桶也只有五十公升，出產的威士忌卻是才氣與想像力皆屬上乘的佳作。消費者甚至可以在此購買客製化的酒桶。此外，歐本的琴酒還曾獲得 2015 年蘇格蘭年度手工烈酒大賞（Scotland Craft Spirit of the Year）。

汀士頓蒸餾廠擁有全歐洲最大的水車，可以利用泰斯河（Teith）來發電，不僅電力自給自足，還可將多餘的電力轉售出去。

坎培爾鎮

歡迎來到威士忌世界的首都！至少在幾十年前的確曾經繁榮一時……

歷史

十九世紀末的坎培爾鎮在天時、地利、人和的完美條件下，有二十多家蒸餾廠櫛比鱗次。蒸氣船總在天氣晴朗的日子前來裝載數以千計的橡木酒桶，運往格拉斯哥、倫敦或美國。可惜好景不常，坎培爾鎮的油潤煙燻風格不再受到現代消費者與調酒師青睞。加上 1929 年的全球經濟大蕭條及煤礦場歇業，使情況雪上加霜，幾近一半的小蒸餾廠因而關門大吉。

風味

坎培爾鎮威士忌兼具煙燻與油潤風格，因太過獨特而招來嫉妒，被戲稱為「臭魚」。甚至還有小道消息繪聲繪影地說，這裡用來陳釀威士忌的酒桶都是存放鯡魚的桶子。這當然不是事實，只是這些謠言仍舊成為壓垮當地威士忌工業的最後一根稻草（尤其是在美國頒布禁酒令之後）。

地理

坎培爾鎮位於低地區的西邊，因位置太偏僻，以致當地居民都習慣性地認為他們更靠近愛爾蘭。

坎培爾鎮昔日的繁華榮耀，在威士忌的歷史上佔有不可抹滅的地位。若撇開市場因素，此地擁有絕佳的釀酒環境，不僅有深水港（能進口穀物並出口威士忌）、煤礦層，還有數座發麥廠。如今碩果僅存的三座蒸餾廠，讓坎培爾鎮成為蘇格蘭腹地最小的威士忌產區。

坎培爾鎮

三座蒸餾廠，五個威士忌品牌

坎培爾鎮有五個威士忌品牌。雲頂蒸餾廠除了
以自家名號裝瓶販售，還有另兩個品牌：賀佐
本（Hezelburn）與朗格羅（Longrow）。另
外兩座蒸餾廠格蘭帝與葛蘭葛雷，也各自推出
同名品牌威士忌。

雲頂是蘇格蘭最古老的家族蒸餾廠，
由米契爾（Mitchel）家族創立，從
1825 年開始生產威士忌，如今已傳
承至第五代。雲頂也是蘇格蘭唯一自
給自足的品牌，從發麥、蒸餾到裝瓶
都在自己的酒廠內完成。

格蘭帝 Glen Scotia

葛蘭葛雷 Glengyle

雲頂 Springbank

愛爾蘭

愛爾蘭與蘇格蘭是眾人心目中威士忌的故鄉，
但前者的蒸餾廠數量卻在近兩個世紀內銳減。

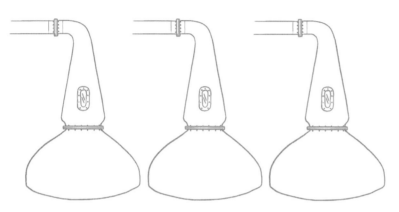

歷史

愛爾蘭在十八世紀末擁有兩千多家蒸餾廠，以約翰·詹姆森（John Jameson）馬首是瞻，正是春風得意的時期。當時愛爾蘭各大城市都設有蒸餾廠，以當地特有的「純壺式蒸餾」技術生產質佳且風味細緻的威士忌。都柏林則成為愛爾蘭威士忌行銷至世界各地的啟航大港。

後來愛爾蘭發起獨立戰爭，並且排斥與美國私酒商合作，導致威士忌無法出口，接二連三的事件嚴重打擊威士忌工業。1930 年代，愛爾蘭僅剩六家蒸餾廠在苦撐。到了 1960 年，碩果僅存的三家蒸餾廠決心攜手合作，共同創立了愛爾蘭製酒公司（Irish Distillers Ltd.）。

純壺式蒸餾（Pure Pot Still）

愛爾蘭威士忌的傳統工藝與典型風格，將發麥過和未發麥（為了少繳一點稅金）的混合麥汁，放入壺型蒸餾器中蒸餾三次。據說可以蒸餾出質地「濃稠」的威士忌。

風味

獨特的三次蒸餾工藝，讓愛爾蘭威士忌不僅酒體輕柔、不沾泥煤味，還散發迷人果香。

從非法私釀到歐盟認證

千萬別將愛爾蘭威士忌跟當地傳統的「玻汀蒸餾酒」（poitín）搞混囉！後者的酒精含量非常高，介於 60-95%，以發芽大麥、甜菜根和馬鈴薯蒸餾而成。這種酒曾被禁止好長一段時間，不過現在已經可以合法釀造，並得到歐盟地理保護標誌（IGP）認證。

愛爾蘭

The Crolly 克羅莉

布斯密 Bushmills

Sliabh Liag 斯立雅利亞格海崖
The Shed 棚屋
Lough Gill 吉爾湖
Connacht Whiskey
康諾特威士忌

星崎 Hinch
柯普蘭 Copeland
埃克林維 Echlinville
雷德蒙莊園 Rademon Estate
基洛文 Killowen
庫利 Cooley
斯萊恩 Slane
柏安 Boann
皮爾斯里昂 Pearse Lyons
羅伊 Roe & Co
天頂威士忌 Teeling Whiskey
都柏林自由 Dublin Liberties
鮑爾斯考特 Powerscourt
格倫達洛 Glendalough

阿基爾
（愛爾蘭美利堅）釀酒廠
Achill Island/Irish American
Distillery

Lough Mask 瑪斯克湖

Bureen 巴倫
Glendree 格蘭德利

Chapel Gate Irish Whiskey
禮拜堂門愛爾蘭威士忌

皇家橡樹 Royal Oak
巴利基夫 Ballykeefe
沃特福 Waterford
黑水 Blackwater

凱里
Dingle Distillery
Kerry

維瓦爾（恣意）
愛爾蘭烈酒
Wayward Irish Spirits

Middleton 密道頓

West Cork Distillers 威斯克

布萊克斯（啤）酒廠
Blacks Brewery
and Distillery

愛爾蘭威士忌這幾年進入一個名符其實的黃金時代，每年都有新的蒸餾廠誕生。現代化的密道頓蒸餾廠每年生產超過六千萬公升威士忌！

想了解愛爾蘭威士忌的歷史，一定得到老尊美醇酒廠（Old Jameson）繞繞。這個貨真價實的威士忌博物館位於昔日的尊美醇蒸餾廠，雖然早已沒有生產威士忌，但有提供詳盡的專業導覽，還可以品嚐愛爾蘭威士忌做為完美句點。

英國其他地區

威爾斯

歷史

此地只有一家潘迪恩（Peyderyn）蒸餾廠，而且才剛開幕僅僅十年，首批販售的威士忌於 2004 年出廠。潘迪恩蒸餾廠的年產量可能還比不上某些大蒸餾廠的日產量，不僅數量相當稀少，還有個相當不尋常的作法：在每一瓶威士忌上頭標明裝瓶日期，藉此記錄每一「釀」之間的細微變化。

法拉第蒸餾器（Faraday Still）

潘迪恩特有的蒸餾器，靈感汲取自石化工業，只有單一分餾柱，卻能蒸餾出不同品質的酒液，而且酒精度可以高達 92%。

勾心鬥角的歷史

威爾斯其實在十九世紀就開始生產威士忌……應該說「幾乎」開始生產。當時蒸餾廠的主人雖然訂購了一個蒸餾器，實際上卻直接購買蘇格蘭的「生命之水」，以多種香料加味，再用威爾斯威士忌的名義出售。當然紙是包不住火的，形跡敗露後，蒸餾廠也只能倒閉了。

英格蘭

歷史

身為琴酒的祖國，要投入威士忌的行列似乎有點包袱。不過還是有幾家蒸餾廠做到了，其中有一家是位於倫敦市中心的「倫敦釀造」（London Distillery Co.）。算是首開先例嗎？不，反而應該說是英格蘭威士忌的復興運動。因為在十九世紀末期，英格蘭就曾有四家蒸餾廠。

英國女王的小狗

曾經有位皇室僕人突發奇想，在伊莉莎白二世心愛的柯基犬碗裡倒了些威士忌。不勝酒力的小狗醉得一塌糊塗，僕人當然也遭到降職扣薪的下場。

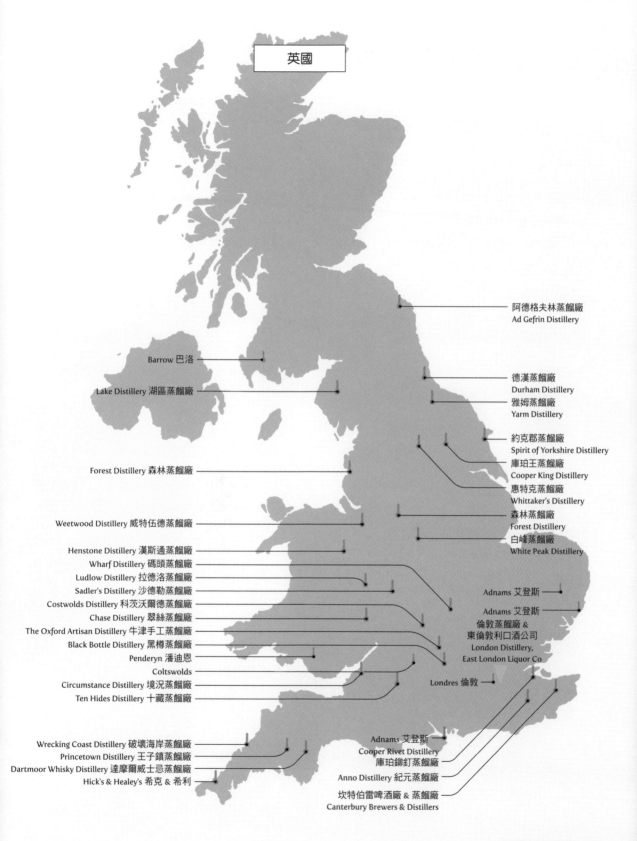

英國

阿德格夫林蒸餾廠
Ad Gefrin Distillery

Barrow 巴洛

Lake Distillery 湖區蒸餾廠

德漢蒸餾廠
Durham Distillery

雅姆蒸餾廠
Yarm Distillery

約克郡蒸餾廠
Spirit of Yorkshire Distillery

庫珀王蒸餾廠
Cooper King Distillery

惠特克蒸餾廠
Whittaker's Distillery

森林蒸餾廠
Forest Distillery

白峰蒸餾廠
White Peak Distillery

Forest Distillery 森林蒸餾廠

Weetwood Distillery 威特伍德蒸餾廠

Henstone Distillery 漢斯通蒸餾廠

Wharf Distillery 碼頭蒸餾廠

Ludlow Distillery 拉德洛蒸餾廠

Sadler's Distillery 沙德勒蒸餾廠

Costwolds Distillery 科茨沃爾德蒸餾廠

Chase Distillery 翠絲蒸餾廠

The Oxford Artisan Distillery 牛津手工蒸餾廠

Black Bottle Distillery 黑樽蒸餾廠

Penderyn 潘迪恩

Coltswolds

Circumstance Distillery 境況蒸餾廠

Ten Hides Distillery 十藏蒸餾廠

Adnams 艾登斯

Adnams 艾登斯

倫敦蒸餾廠 &
東倫敦利口酒公司
London Distillery,
East London Liquor Co

Londres 倫敦

Wrecking Coast Distillery 破壞海岸蒸餾廠

Princetown Distillery 王子鎮蒸餾廠

Dartmoor Whisky Distillery 達摩爾威士忌蒸餾廠

Hick's & Healey's 希克 & 希利

Adnams 艾登斯

Cooper Rivet Distillery

庫珀鉚釘蒸餾廠

Anno Distillery 紀元蒸餾廠

坎特伯雷啤酒廠 & 蒸餾廠
Canterbury Brewers & Distillers

亞洲：威士忌的全新領域

一想到亞洲威士忌，舌頭彷彿立即感受到日本威士忌而垂涎不已。

只不過，亞洲還有其他較不為人知的威士忌生產國，同樣為威士忌愛好者提供別開生面的佳釀。

讓我們來場亞洲威士忌生產國巡禮吧！

有誰在亞洲釀製威士忌？

亞洲是個威士忌消費逐年增長的地區。人們對於威士忌的渴求，也讓近年來亞洲威士忌的創新勢不可擋。
在過去的十年中，日本威士忌廣獲好評，而新的業者也正在穩步投身威士忌領域。

台灣

如果你向威士忌愛好者提到台灣，他可能會立即想到噶瑪蘭（Kavalan）。雖然這個品牌相對來說較為年輕，但已經屢獲殊榮，也藉此建立起堅若磐石的良好聲譽。噶瑪蘭威士忌之所以能迅速旗開得勝，是利用台灣亞熱帶氣候的優勢，與大陸氣候相比，陳年的速度可以加快。它的經典獨奏（Solist Vinho）葡萄酒桶威士忌在 2015 年贏得世界最佳單一麥芽威士忌的殊榮，對於一個在 2008 年才推出第一款蒸餾酒的酒廠來說，這無疑是一項傲人的成就。來自南投酒廠的 Omar 是另一款台灣釀製的單一麥芽威士忌，只是比噶瑪蘭更低調一些。

印度

若是根據歐盟法規的話，大多數在印度釀製並標有「威士忌」的蒸餾酒並不能稱為威士忌。它們是以發酵糖蜜為基底製成的食用酒精（占印度產量的 85%），有些甚至還添加了風味劑。為什麼會這樣呢？原因很簡單，因為威士忌在印度根本沒有法定定義，為了節省成本，許多威士忌生產商就會使用這種廉價的釀酒工藝。

當然仍有一些品牌釀製「貨真價實」的威士忌，就是那種在我們認知裡、完全由麥芽和其他穀物製成的威士忌。雅沐特酒廠（Amrut）是印度威士忌業者的先驅，於 2004 年推出了第一款印度單一麥芽威士卡。雅沐特在 1946 年以製藥集團起家，但很快就發展出以攪拌器製造為主的多元業務。

緊隨其後的是約翰酒廠（John），開發了現在享譽國際的保羅約翰品牌，在 2012 年推出第一款單一麥芽威士忌。

中國

中國最著名的是他們的國酒：白酒，意為「清澈的酒」，是一種由小麥或糯米製成的烈酒，其銷售數字之大，令人難以置信（2018 年售出十二億箱九公升裝的白酒）。但威士忌在中國也正逐漸吃香：每秒鐘有超過四十瓶蘇格蘭威士忌出口到中國。幾個主要品牌對這個國家極感興趣，甚至想在中國釀製威士忌。

日本

（詳情請參閱第 180 頁。）

日本的新法規

日本威士忌在過去十年一直相當熱門，但是你知道嗎？您買的日本威士忌可能（部分或全部）不是來自日本！顯然事有蹊蹺，但日本威士忌以前真的沒有嚴格的生產規則。經過四年的討論，日本烈酒製造協會最終才製訂了一項共同規則：從 2021 年 4 月 1 日起，威士忌必須在日本進行釀造、發酵、蒸餾、陳釀（至少三年）和裝瓶（酒精濃度至少 40%），才有資格貼上「日本威士忌」的標籤。

6 款不容錯過的亞洲威士忌

調製專屬高球雞尾酒（Highball）：
三得利調和威士忌（Toki）
——日本威士忌。

讓你的客人驚喜連連：
雅沐特融合單一純麥威士忌
——印度威士忌。

假裝自己是比爾．墨瑞
（Bill Murray）：
三得利調和威士忌響 Hibiki 17 年
——日本威士忌。

名不虛傳的「台灣製造」：
噶瑪蘭雪利桶威士忌

細細品味暢銷商品：
科菲穀物威士忌
（Nikka Coffey Grain）

一杯惹怒您的銀行家：
秩父 2011 馬德拉桶鄭木彰
系列（Chichibu 2011 Madeira
Hogshead Tay Bak Chiang #2）

台灣

這個人口僅兩千三百萬的島嶼，已成為全球單一麥芽威士忌第三大市場。
台灣人喝掉的威士忌，和比它多三倍人口數的法國幾乎不相上下。

宜蘭噶瑪蘭蒸餾廠

　　噶瑪蘭取自宜蘭的古地名，酒廠成立不過十年，其威士忌已在國際間獲獎無數。噶瑪蘭蒸餾廠成立之初曾至蘇格蘭取經，雖然使用的麥芽並非台灣自產，熟成的酒桶來自美國波本桶、西班牙雪莉桶與法國紅酒桶，然而讓他們的威士忌如此特殊的原因，要歸功於宜蘭的好水，以及獨一無二的地理位置與氣候條件。廠內還設有酵母實驗室，特別培育的酵母釀出芒果風味的威士忌，這是怎麼也學不來的。

台灣菸酒南投酒廠

　　以前台酒販賣的威士忌，都是從蘇格蘭買來的半成品調和而成，缺乏自己的特色。2008 年，南投酒廠開始自行釀造，並於 2013 發表第一批原桶強度威士忌，複雜濃郁的口感令各界驚艷。本著實驗精神，酒廠又積極研發帶有烤地瓜、梅李、蜜餞香氣的威士忌，希望能勾起大家記憶中台灣的味道。荔枝桶威士忌則是用台灣特有的荔枝酒桶過桶，讓酒液輕柔地融入荔枝香氣，釀出獨特的東方味。

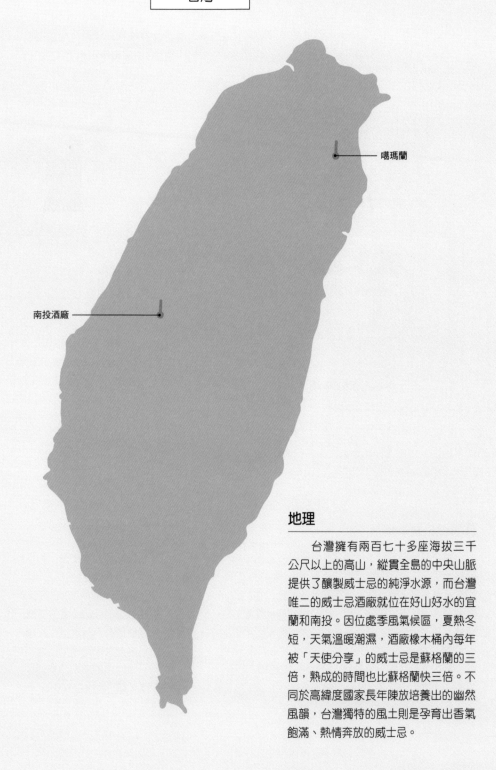

台灣

噶瑪蘭

南投酒廠

地理

　　台灣擁有兩百七十多座海拔三千公尺以上的高山，縱貫全島的中央山脈提供了釀製威士忌的純淨水源，而台灣唯二的威士忌酒廠就位在好山好水的宜蘭和南投。因位處季風氣候區，夏熱冬短，天氣溫暖潮濕，酒廠橡木桶內每年被「天使分享」的威士忌是蘇格蘭的三倍，熟成的時間也比蘇格蘭快三倍。不同於高緯度國家長年陳放培養出的幽然風韻，台灣獨特的風土則是孕育出香氣飽滿、熱情奔放的威士忌。

日本

常被誤會為蘇格蘭威士忌的複製版，
然而日本威士忌早已青出於藍，走出自己的風格。

日本第一家蒸餾廠

人們經常說山崎蒸餾廠之所以選擇設在大阪府島本町，是因為這裡的氣候條件與蘇格蘭較為相近。有一部分說對了，不過主要還是因為島本町附近有三條溪流，擁有充沛的水源來釀造威士忌。此外，這裡的水質絕佳，連日本茶道始祖千利休開設第一家茶道館時，都曾來此地取水。

歷史

日本威士忌談不上歷史悠久，卻已是威士忌界的閃亮明星。日本第一家山崎蒸餾廠於 1923 年問世，由日本威士忌的兩位教父鳥井信治郎與竹鶴政孝攜手打造。後來兩人因意見不合而分道揚鑣，各自打造自己的威士忌王國：前者創立了三得利（Suntory），後者則建立了一甲（Nikka）。三得利與一甲至今仍是日本威士忌的兩大龍頭，也是惺惺相惜的競爭對手。這兩個蒸餾廠是完全獨立自主的，不像蘇格蘭的酒廠，雖有競爭關係卻也經常暗通款曲。

風味

和蘇格蘭威士忌相比，日本威士忌少了些穀物的香味。兩位釀造者非常倚賴科學分析，以此來掌握威士忌釀製的每一個步驟，在當時是全然嶄新的作法，連蘇格蘭都瞠乎其後。

 | **日本威士忌最佳宣傳大使：比爾‧墨瑞（Bill Murray）**

比爾‧墨瑞在蘇菲亞‧柯波拉執導的電影《愛情不用翻譯》裡飾演過氣明星，遠赴日本接拍三得利的「響」威士忌廣告。電影非常賣座，也因此在西方掀起一波日本威士忌狂熱，銷量一路長紅。

日本

余市

日本威士忌的名聲在全世界響徹雲霄，
而更確切地說，幾乎直達國際太空站。
不過太空站上的威士忌碰不得，連太空
人也喝不到。這是三得利在 2015 年 8
月開始的實驗，將會持續至少一年，為
了測試在無重力的狀態下，威士忌的熟
成過程與風味會產生什麼樣的影響。

宮城峽

信州
輕井澤

羽生
山梨
秩父
白州
富士御殿場

山崎
江井島

鹿兒島

美國

◇◇◇◇◇◇◇◇◇◇◇◇◇◇◇◇◇

讓我們越過大西洋，拜訪革新與多樣化的威士忌國度。

歷史

美國威士忌的歷史與移民脫不了關係，當時為了吸引歐洲人到美國墾荒，每位移民可以得到一塊玉米田做為獎勵。但是玉米收成後的售價太過低廉，移民只好將它們留下來釀酒，以賺取更多收入。

十九世紀中葉興起的工業革命，除了搭建鐵路讓運輸更方便，也讓美國威士忌的發展突飛猛進。只是後來頒布的禁酒令讓原本蓬勃的威士忌產業戛然而止，反倒促成私釀酒（moonshine）大流行，甚至出現走私業者有系統地釀酒與行銷非法威士忌。

肯塔基 VS 田納西

即使今日在美國各地都能釀造波本威士忌，別忘了肯塔基州才是波本的搖籃。

田納西州的威士忌則以原創的「林肯郡過濾法」（Lincoln County Process）分庭抗禮，也就是利用木炭進行過濾。取一塊木柴，點火將之燒成木炭，再讓蒸餾後的威士忌一點一滴流淌過堆成三公尺厚的木炭堆，就可以得到口感特殊又溫醇的美酒。

微型蒸餾正流行

在美國，幾乎每個星期就有一家波本威士忌的微型蒸餾廠誕生。每個微型蒸餾廠都有自己的風格特色，也讓波本威士忌的愛好者更期待推陳出新的釀製技術與成果。

傑克丹尼爾：歡迎參觀，謝絕品酒

如果你想參觀位於林奇堡（Lynchburg）的傑克丹尼爾酒廠，先別打如意算盤，以為行程結束後可以直接品嚐威士忌。就算你在當地的酒吧裡也喝不到，因為這個城市全面禁酒。你沒看錯，在美國的確還有一些城市禁止販售含酒精的飲料。

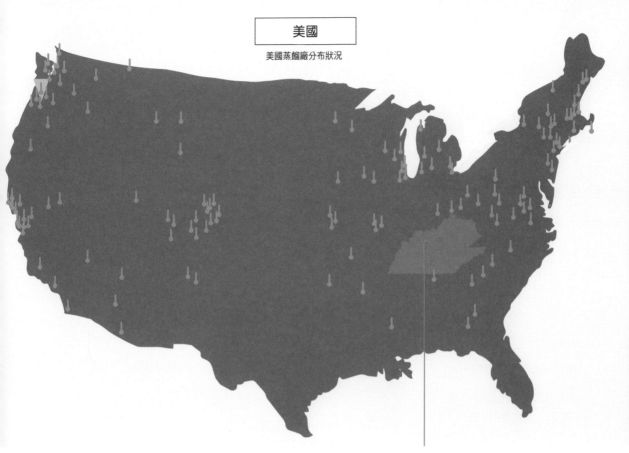

美國蒸餾廠分布狀況

肯塔基州與田納西州的蒸餾廠

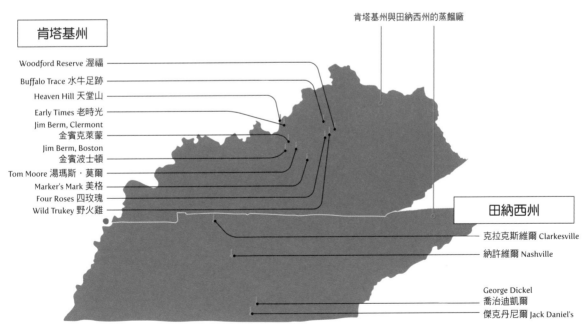

肯塔基州

Woodford Reserve 渥福

Buffalo Trace 水牛足跡

Heaven Hill 天堂山

Early Times 老時光

Jim Berm, Clermont
金賓克萊蒙

Jim Berm, Boston
金賓波士頓

Tom Moore 湯瑪斯‧莫爾

Marker's Mark 美格

Four Roses 四玫瑰

Wild Trukey 野火雞

田納西州

克拉克斯維爾 Clarkesville

納許維爾 Nashville

George Dickel
喬治迪凱爾

傑克丹尼爾 Jack Daniel's

美國威士忌

長久以來被貶為劣質烈酒，並被視為只有牛仔才會喝的美國威士忌，
正在進入全新黃金時代，帶來令人目不暇給的愉悅驚喜！

美國威士忌的多重面貌

「美國威士忌」這個稱號很籠統，基本上包含所有威士忌產品，也就是在美國本土蒸餾發酵的麥芽汁後產生的高濃度穀物烈酒。詳細探索的話，就會發現美國威士忌又分為幾種不同的類別。

美國威士忌的產地

美國本土的任何地方都可以生產美國威士忌，但只有在田納西州生產的威士忌，才夠格稱為田納西威士忌。

- 95% 的波本威士忌產自肯塔基州。
- 全美國的威士忌有 95% 產自肯塔基州和田納西州！

美國威士忌到底是什麼？

美國有一項規定，亦即所有威士忌都必須使用發酵的麥芽來釀製。要想擁有「美國威士忌」這一稱號，必須符合以下幾點（當然，有少數例外）：

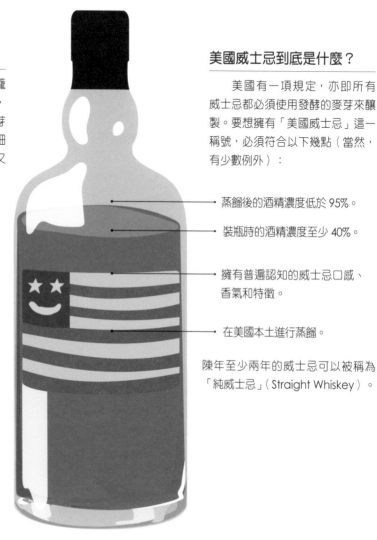

- 蒸餾後的酒精濃度低於 95%。
- 裝瓶時的酒精濃度至少 40%。
- 擁有普遍認知的威士忌口感、香氣和特徵。
- 在美國本土進行蒸餾。

陳年至少兩年的威士忌可以被稱為「純威士忌」（Straight Whiskey）。

酸麥芽（sour mash）技術

這是美國獨具的技術（而且不是各地都有），亦即使用前一批發酵過的麥芽漿來啟動發酵過程，就像製作麵包時使用的酵母。

匠心獨運的「林肯郡製程」（Lincoln County Process）

這也是美國獨步全球的技術，甚至只用在田納西威士忌。主要作法是在將威士忌裝入酒桶前，先利用約三公尺厚的楓木炭層進行過濾。這一過程能賦予烈酒更為柔和的獨特口感。

誰說美國只有波本威士忌？

雖說波本威士忌享譽全球，也是美國酒品的銷售主力，
但美國威士忌還是有許多其他類別。

波本威士忌（Bourbon）

必須在美國釀製；
必須含有至少 51% 的玉米；
蒸餾後的酒精濃度不得超過 80%；
必須在新燒製的橡木桶中陳年；
必須至少陳年兩年；
裝瓶時的酒精濃度至少 40%。

如果其中一款威士忌陳年
低於四年，必須註明在標籤上。
不得含有任何香料或色素。

肯塔基波本威士忌
（Kentucky Bourbon）

規定與波本威士忌相同，但：
必須在肯塔基州陳年至少一年才
能標註在標籤上。

麥芽威士忌（Malt）

規定與波本威士忌大致相同，但：
必須含有至少 51% 的大麥麥芽。

如果標記為純威士忌：
必須至少陳年兩年；
不得含有任何香料或色素；
瓶中所有威士忌必須產自
同一個州。

田納西威士忌
（Tennesy Whiskey）

必須在田納西州釀製；
必須含有至少 51% 的玉米；
裝瓶時的酒精濃度至少 40%；
必須在新燒製的橡木桶中陳年；
必須陳年至少兩年；
必須使用「林肯郡製程」
進行過濾。

裸麥威士忌（Rye）

規定與波本威士忌大致相同，但：
必須含有至少 51% 的裸麥。

如果不是標註為純威士忌的話，
可以含有香料或色素。

小麥威士忌（Wheat）

規定與波本威士忌大致相同，但：
必須含有至少 51% 的小麥。

如果標記為純威士忌：
必須至少陳年兩年；
不得含有任何香料或色素；
瓶中所有威士忌必須產自
同一個州。

純裸麥威士忌
（Straight Rye Whiskey）

規定與裸麥威士忌大致相同，但：
必須至少陳年兩年；
不得含有任何香料或色素；
瓶中所有威士忌必須產自
同一個州。

喬治的好眼光

歐佛斯特（Old Forester）是當今市場公認最古老的波本威士忌（至 2021
年已一百五十歲），也是第一支「密封」裝瓶的波本威士忌。曾為藥品銷
售員的波本威士忌零售商喬治·加文·布朗（George Garvin Brown）於
1870 年親手將其裝瓶並銷售。

加拿大

加拿大是威士忌界的巨人，產量僅次於蘇格蘭，
然而其作風與風格卻相對低調許多。

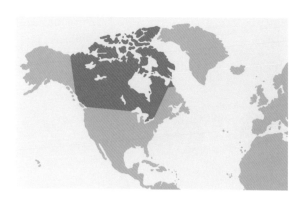

歷史

加拿大威士忌的歷史與美國密不可分。美國的禁酒令（1920-1933）讓加拿大威士忌銷售突飛猛進，私酒業者無法在美國境內尋得庫存補給，只能越過邊境至加拿大搶購。其中以底特律對岸的海拉姆沃克蒸餾廠最為知名，連芝加哥犯罪集團的老大艾爾·卡彭（Al Capone）都是忠實顧客。

裸麥威士忌……與加拿大裸麥威士忌

威士忌的世界有許多事情一言難盡，例如加拿大威士忌又稱裸麥威士忌……沒錯，跟一般以裸麥為主原料的裸麥威士忌名稱一模一樣，所以一不小心就會被指鹿為馬。

在過去，加拿大威士忌以裸麥（又稱黑麥）為主原料，因為東岸的可耕地適合種植裸麥。如今雖然仍然使用裸麥，卻已不是最大宗，因為西岸開發了更適合耕作的土地，能種植的穀類作物變得更多元。然而在習慣上，人們還是會將加拿大的威士忌稱為裸麥威士忌。

風味

加拿大威士忌通常充滿肉桂、烤麵包與焦糖等類似烘焙的芳香。

G | 平易近人的威士忌

不要因為親切的價格反而卻步了。加拿大威士忌可說是價廉物美的好產品，唯一的問題是太少見了，只有少數幾家法國進口商願意引進。

加拿大

育空酒廠 Yukon Brewing

謝爾特角 Shelterpoint
潘柏頓 Pemberton

Okanagan
歐肯納根
Urban Distilleries
城市釀酒廠

海伍德 Highwood
艾柏塔 Alberta Distilleries
黑美人 Black Velvet
Lucky Bastard Distillers
幸運痞子
金姆利 Gimli

Glenora 格萊諾拉
Prince Edward
愛德華王子
Myriad 米瑞亞

中心城區 Central City
維多利亞酒莊 Victoria Spirits

Canadian Mist
加拿大之霧
Toranto Distillery 多倫多酒廠

Les distilleries subversives
顛覆蒸餾廠
山谷田地 Valleyfield
66 吉利德 66 Gilead
靜水 Still Waters

四十希臘人 Forty Greeks

海拉姆沃克 Hiram Walker

加拿大人酷愛蛋奶酒（Eggnog），
並暱稱為「母雞奶」。傳統蛋奶酒
的作法是加入白蘭地或蘭姆酒，當
然也可以加入加拿大威士忌！

法國

法國威士忌所引領的風潮已經跨出國境,建立起可靠的良好聲譽。

法國不只是世界上最主要的威士忌消費國之一,也是最大的大麥麥芽生產國。

法國威士忌萬事俱備,即將脫穎而出。

法國威士忌 VS 阿爾薩斯威士忌 VS 布列塔尼威士忌

法國威士忌在近幾年開始引發熱潮,但當地的威士忌釀造其實已經有幾十年歷史了。布列塔尼人在 1987 年推出第一款法國威士忌(Warenghem 酒廠),為法國的威士忌釀造運動揭開序幕。以烈酒釀製專業技術聞名的阿爾薩斯大區,在幾年後也步上威士忌釀製的後塵。位於里博維萊(Ribeauvillé)的吉貝托樂酒廠(Gilbert Holl)在 2004 年推出第一款阿爾薩斯威士忌 Lac'Holl(他們還推出一款酸菜心風味的烈酒,發行量雖少但大獲好評)。2015 年 1 月,這兩個地區(阿爾薩斯和布列塔尼)採用了「地理標誌保護」(IGP),意即必須遵守一定的法規才能標註為「布列塔尼威士忌」或「阿爾薩斯威士忌」。「地理標誌保護」制度旨在進行監督,同時也保護其專有技術。這兩個地區的制度有什麼區別嗎?布列塔尼威士忌更注重創新,阿爾薩斯威士忌則主要保障產品的真實性和傳統手工生產。

法國:充滿機遇的威士忌之鄉

與其他在海外聲名大噪的法國烈酒(如每年生產八千萬公升的甘邑)相比,法國威士忌還只是個小角色,每年生產量約為兩百萬公升,但這個數量在短短幾年內已經翻倍。法國擁有天時地利人和的威士忌釀製條件:大量的大麥田、攪拌師所需要的無虞供給(生產一公升威士忌需要五公升水)、全國各地的首席釀酒師、世界首屈一指的箍桶師,還有威士忌消費量在全球數一數二的法國人!

錯綜複雜的法規

儘管法規似乎已醞釀了很多年,除了布列塔尼和阿爾薩斯威士忌之外,目前還沒有其他「地理標誌保護」,甚至也沒有「法國威士忌」的規範。結果就是,生產者擺盪在歐洲法規和法國 2017 年針對單一麥芽威士忌的法令之間,形成一團亂麻。

從土地直達酒杯

為了滿足消費者對於產品履歷和透明度的要求,位於洛林的 Rozelieueres 蒸餾酒廠勇於接受挑戰,一手包辦威士忌生產的所有階段:從大麥田到麥芽廠,再到各個酒窖的陳年過程。其中有些酒窖極不尋常,例如位於羊棚或舊軍事堡壘的酒窖。

德魯夢(Dreum):只生產一桶酒的酒廠

有些威士忌跟鳳毛麟角一樣極為罕見,德魯夢酒廠的威士忌就是活生生的例子。其創始人傑鴻·德魯夢(Jérôme Dreumont)打造了一個三百公升容量的蒸餾器,自此每年只裝填一桶威士忌,大概可以分裝成一百多瓶。

法國

投斯 TOS
德滬姆 Dreum
諾斯曼 Northmaen
歐特福耶 D'Hautefeuille
匠人 Ergaster
沙利耶 Charlier
諾永 Noyon
雷森 Leisen
艾沛 Hepp
柏特朗 Bertrand
梅耶 Meyer
哈格邁爾 Hagmeyer
雷曼 Lehmann
密克羅 Miclo
侯澤利厄 Rozelieures

Château du Breuil 布賀伊堡

海岸 Glann Ar Mor
瓦弘捷 Warenghem
納格蘭 Naguelann
立石 Distillerie des Menhirs
仙女岩 La Roche aux fées
凱希利 Kaerilis
拉啤奧特 La Piautre

巴黎 Paris
巴黎釀酒廠 Distillerie de Paris
奧特省 Pays d'Othe

海貍釀酒廠 Distillerie du Castor
精髓 La Quintessence
Zusslin 祖司蘭

娜儂園 Ouche Nanon

Maison Daucourt 寶庫之家
Pinard 啤納爾
Bercloux 貝克盧
Boinaud 博伊諾
Merlet & fils 梅爾萊特父子酒莊
Brunet 布呂內
Saint-Palais 聖帕萊
Moon Harbour 月亮港

巴爾塔薩先生 Monsieur Balthazar

胡捷德里爾（李爾的紅魚）Rouget de Lisle
賀微丘釀酒廠 Brûlerie du Revermont

寧卡希啤酒女神 Ninkasi Fabriques

納蘭 Nalin

米沙 Michard

Les Bughes 雷布格

洛恆 Laurens
十二 Twelve

上冰河產區 Domaine des Hautes Glaces
維柯爾釀酒廠 Distillerie du Vercors

布赫扎克產區 Domaine de Bourjac
卡斯通 Castan

Mavela 馬維拉

其他國家

不要以為其他國家的威士忌比較沒有名氣，品質就比先前介紹的威士忌遜色。
它們各自的特色三言兩語還道不盡呢！

與眾不同的冰島煙燻威士忌

冰島沒有泥煤，所以他們用傳統烘乾肉類的方式
來烘乾麥芽，也就是用乾的羊糞！加上冰島無可比擬
的純淨水質，以及幾近無農藥的穀物，注入你杯中的
威士忌肯定擁有難以想像的滋味。

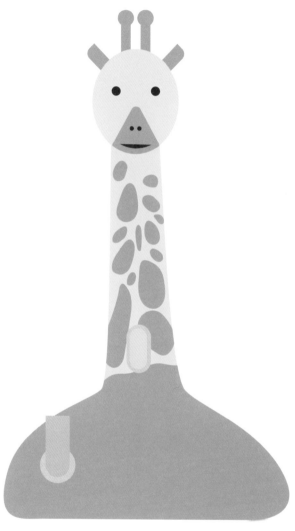

塔斯馬尼亞

在地球的每一個緯度都ㄎ以釀造威士忌，就算
是在地球的另一端也沒問題。在澳洲的塔斯馬尼亞島
上就有一座蒸餾廠，不用擔心會遇到塔斯馬尼亞惡魔
（袋獾），海樂路（Helleys Road）蒸餾廠只釀造神
妙非凡的威士忌。

非洲也有威士忌？

是的，非洲也有威士忌。前往南非吧，那裡有兩
座蒸餾廠：詹姆士賽吉維克（James Sedgwick）以
及車夫（Drayman's）。

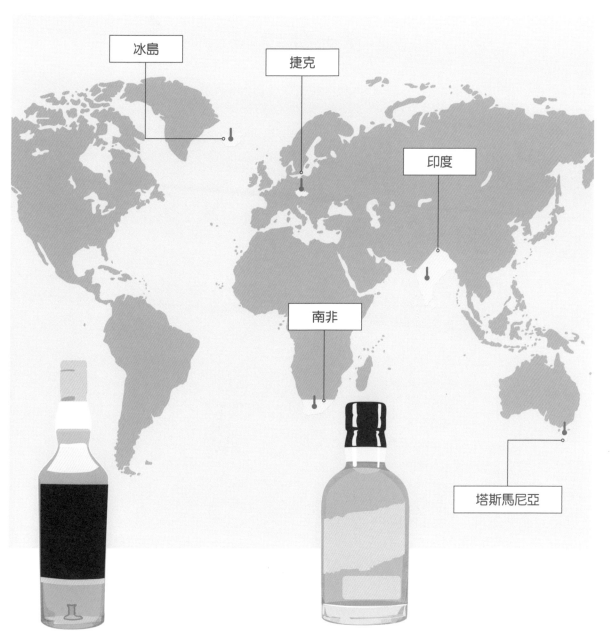

冰島

捷克

印度

南非

塔斯馬尼亞

在印度別上當

印度是全世界愛喝威士忌的國家之一。問題是他們喝的並不是真正的威士忌，而是類似蘭姆酒的摻糖酒精。放心，在歐盟境內是買不到這種酒的，因為它的成分不符合歐盟法規，無法以威士忌的名義出售。在印度還是有幾家名副其實的威士忌蒸餾廠，其中阿穆特（Armut）蒸餾廠相當值得關注。

被遺忘的捷克威士忌

在冷戰的年代，當時捷克斯洛伐克還在蘇聯的統治之下。資本主義國家有能力完成的事情，共產主義國家當然也不落人後，普拉德羅鎮（Pradlo）就是從那時候開始釀製單一麥芽威士忌。1989 年，柏林圍牆倒塌後，酒廠被收購，人們也遺忘了沉睡的橡木酒桶。直到 2010 年，這批當年封存的威士忌才以悍馬（Hammer Head）之名重出江湖。

N⎯7

附錄

本章不僅可以讓你更善加利用本書,還能助你成為一位見聞廣博的威士忌愛好者。專有名詞、數字、大人物,全部幫你重新整理溫習一遍,索引則能為你所有的問題迅速找到答案。

威士忌相關詞彙

每個威士忌愛好者都需要了解的專有名詞。

初餾酒
第一次蒸餾得到的酒液，英文為 low wines，酒精含量通常為 20%。初餾酒會再次蒸餾，以取得酒精濃度介於 65-70% 的酒液。

蒸餾器
以銅為材料製成的蒸餾器具，英文為 still，來自拉丁文的 stillarc，意思是「滴水」。蒸餾器有各式不同的形狀和大小，蒸餾出來的酒也各有特色。

酒精濃度
英文為 Alcool By Volume（ABV），通常以百分比表示，代表單一容積中的酒精含量。若瓶身標示的酒精度為「40% vol.」，代表這瓶威士忌有 40% 的酒精以及 60% 的水。

原桶強度
或稱為自然原桶強度（natural cask strength），表示裝瓶時沒有添加任何一滴水，所以酒精濃度和橡木桶內的威士忌原酒一樣在 50-60% 之間。

達姆（dram）
舊時蘇格蘭威士忌的容量單位，大約等於 40-50 毫升。

過桶（finish）
木桶熟成後的最後加工，將威士忌從原先的酒桶換到另一個酒桶，再放幾個月，讓威士忌能吸取不同種類的香氣，綻放更醇厚多元的口感。

敲飛木塞
用槌子敲打酒桶兩側，以便鬆開木塞，取出橡木酒桶內的佳釀；算是相當具有視覺及聽覺震撼的一個儀式。

糟粕

穀物經過發酵且糖分盡釋後的渣滓,通常會拿去餵牲口。

烘麥窯(kiln)

蒸餾廠用來烘乾發芽大麥,使其停止發芽的爐灶。傳統烘麥窯通常會有一個寶塔型的窯頂。

麥芽汁

碎麥芽加入熱水攪拌後萃取出的微溫液體,含有大量糖分,易於發酵。

酵母菌

進行發酵作用的單細胞真菌,會食用麥芽汁中的糖分,並分解成酒精與二氧化碳。

糖化槽

用來攪拌碎麥芽的巨大桶槽,材質可能是木桶或不鏽鋼桶。

碎麥芽

發芽大麥磨成碎粒或粉末,用於釀製威士忌。

起泡

搖晃酒瓶使液體產生氣泡的技巧。氣泡持續越久,表示酒精濃度越高。

入桶熟成

將蒸餾酒填入橡木桶中靜置數年,使酒體慢慢吸收木桶的馨香和色澤。

天使的分享

英文為 angel's share,指威士忌在窖藏木桶中每年揮發於無形的部分。天使當然也有享受小酌幸福的權利!

威士忌相關詞彙

PPM
百萬分之一（parts per million）的縮寫，用來計算威士忌酚類化合物多寡的單位。

生命之水
蘇格蘭蓋爾特語為 uisge beatha，法文為 eau-de-vie，拉丁文則是 aqua vitae。在蘇格蘭指的是威士忌，在其他地區則可能指不同類型的蒸餾烈酒。

祝身體健康
從前在蘇格蘭和愛爾蘭，人們以威士忌舉杯敬酒時會說：Sláinte Mhaith！

泥煤（peat）
埋藏在地底下的有機腐植質，通常用來做為烘乾麥芽的燃料，麥芽也因此被燻出特殊的香氣。

發酵槽
進行發酵過程的大型容器。

單一桶威士忌（single cask）
從單一個酒桶汲取裝瓶的單一麥芽威士忌。

烈酒保險箱
銅製的分酒箱，英文為 spirit safe，以前是為了防止蒸餾廠逃稅而設置的。蒸餾工人可以透過玻璃監控蒸餾酒的品質，並篩取酒心。

雙耳小酒杯（quaich）
蘇格蘭人用來喝威士忌的傳統容器。

威士忌相關數字

有些數字令人生畏，有些數字則發人省思……

威士忌是法國人消費最多的烈酒，佔烈酒市場的百分之三十八點七。

法國每年生產七十萬瓶威士忌。

法國人喝的威士忌有百分之九十來自蘇格蘭。

本書作者花了十年才從酒酣耳熱的酒醉狀態中清醒，然後又如一尾活龍重新鑽進威士忌酒杯中。

日本三得利（Suntory）一枝獨秀，其商品佔該國威士忌消費總量的百分之五十五。

全世界的單一麥芽威士忌超過五千種。

金氏世界紀錄中，全球規模最大的烈酒博覽會總共有兩千兩百五十二個攤位。這是由比利時的無限威士忌公司在2009年於根特（Gent）舉辦的盛會，特別佳賓包括蘇格登12年（Singleton）、克萊根摩12年（Gragganmore）、波希米爾純麥原酒（Bushmills original）、達雲妮15年（Dalwhinnie）、泰斯卡10年（Talisker）、約翰走路黑牌12年（Johnnie Walker Black Label）。

法國每年生產六億公升的烈酒，其中四億兩千萬公升出口到其他國家。

每年五月的第三個星期六是世界威士忌日。

電影和文學中的威士忌

電影和影集

無論是威士忌在劇情中占據要角，還是故事激發了威士忌釀製者的靈感，總之這種酒在大螢幕和小螢幕上都有無可替代的作用。

天使威士忌（La Part des anges）

這部由肯·洛區（Ken Loach）執導的蘇格蘭經典電影於 2012 年上映，同年在坎城影展上贏得了評審團獎。影片描述一個蘇格蘭年輕浪子的故事。甫為人父的他，尋求重新融入社會，最後發現價值不菲的威士忌而展開人生救贖之路。

詹姆士·龐德，空降危機（Skyfall）

詹姆士·龐德熱愛美女名車，也喜歡頂級威士忌。麥卡倫雪莉桶 18 年威士忌曾在電影《惡魔四伏》（Spectre）中登場，而在 2012 年上映的《空降危機》中，龐德與大反派席爾瓦（哈維爾·巴登飾）用非常小的威士忌酒杯啜飲的則是麥卡倫 1962 年份 15 年珍稀系列（The Macallan 1962 Fine and Rare Vintage）。值得一提的是，這瓶擁有該片演員簽名的 1962 年份麥卡倫威士忌，在 2013 年進行慈善拍賣時募集了 9,635 英鎊。

愛情，不用翻譯（Lost in Translation）

另一部以威士忌為劇情主軸的經典電影是蘇菲亞·柯波拉（Sofia Coppola）的《愛情，不用翻譯》，本片於 2003 年上映。比爾·墨瑞飾演過氣的美國演員鮑伯·哈里斯，他來到日本東京，為三得利威士忌拍攝廣告。隨著這部電影的上映以及佳評如潮，日本威士忌在西方開始掀起一陣旋風，不免令人覺得啼笑皆非。市場的強勁需求，也使日本威士忌價格一路飆升，而日本巨頭三得利酒廠因為缺乏足夠生產力，難以滿足如此大量的需求，不得不暫時停售旗下幾款主力威士忌，像是著名的「響」Hibiki 和 12 年份的「白州」Hakushu。

金牌特務：機密對決（Kingsman：The Golden Circle）

特務們不只喜歡來杯威士忌，也可以用酒廠作為情報組織的幌子。這部由馬修·范恩執導和參與編劇的英美間諜喜劇就是如此，該片於 2017 年上映，片中有個特務名為「威士忌」。這部電影甚至催生了一款與美國著名酒廠歐佛斯特（Old Forester）合作的限定版威士忌，名字就叫作：「仕特曼」（Statesman，片中情報組織的名字）威士忌！

浴血黑幫（Peaky Blinders）

這部影集描述的是一個英國黑幫家族的故事，他們最愛講的一句話就是「別他媽的惹惱我們剃刀黨」。現在有一款愛爾蘭威士忌就以此為名——剃刀黨，簡單明瞭。

冰與火之歌：權力遊戲（Games of Thrones）

不要在《權力遊戲》這部大紅大紫的影集中尋找威士忌的身影；相反地，您可以在威士忌酒杯中找到《權力遊戲》。「七大王國家族」和「守夜人」軍團都有自己的聯名限量版威士忌，均出自聲名顯赫的蘇格蘭酒廠。

經典名句

「很多東西吃多了不好，
但好的威士忌再怎樣都
不夠多。」

馬克·吐溫

「他的威士忌太特別了，
特別到他一喝就開始說
蘇格蘭語。」

馬克·吐溫

「連奶油跟威士忌都無法
療癒的，就無藥可救了。」

愛爾蘭諺語

文學人士

文學界也不惶多讓，許多作家在生活中或在他們的小說中都與這種佳釀有著非比尋常的情懷。
當然，我不會建議你向他們看齊……

六週

這是馬克·吐溫聲稱自己喝下
第一杯威士忌時的年齡！

八天

這是雷蒙·錢德勒（Raymond Chandler）
在注射維生素和飲用波本威士忌提神之後，寫下小說
《藍色大理花》（The Blue Dahlia）所花的時間。

二十年

這是華盛頓·歐文（Washington Irving）的小說
《李伯大夢》（Rip Van Winkle）中，主角李伯
喝完威士忌後沉睡的時間。

十八

這是詩人兼作家狄蘭·湯瑪斯（Dylan Thomas）
每回造訪紐約白馬客棧酒吧時，所喝下的烈酒杯數。

威士忌界的大人物

感謝這些偉大的人物，穿越了時代與國界，創造了威士忌的歷史。

埃尼斯‧科菲（Aeneas Coffey）　第 35 頁

他和咖啡無關，真正的身分是威士忌的革命者。

威廉‧皮爾森（William Pearson）　第 85 頁

美國除了波本威士忌，還有傑出的田納西威士忌，全要歸功於這個男人。

傑克‧丹尼爾（Jack Daniel）　第 44 頁

假如威士忌界有謎一般的人物，非傑克莫屬。他也是同名酒廠的創辦人。

傑瑞‧湯瑪斯（Jerry Thomas）　第 139 頁

假如你喝到一杯美味的雞尾酒，請別忘了向這位調酒教父致謝。

查爾斯‧多哥（Charles Doig）　第 45 頁

在蘇格蘭看見的亞洲風烘麥窯，就是查爾斯的傑作。

約翰‧沃克（John Walker）　第 143 頁

沒錯，他就是那知名威士忌品牌的創始者。

陶瑟（Towser）　第 56 頁

這位非凡的人物，其實……是隻貓！

竹鶴政孝（Masataka Taketsuru）　第 185 頁

竹鶴政孝如今被尊崇為東瀛的威士忌之父。

凱莉‧納辛（Carry Nation）　第 65 頁

這位女性不僅震撼了美國威士忌工業，甚至讓威士忌企業屈膝棄甲。

竹鶴政孝

Masataka Taketsuru（1894-1979）

這個日本人和詹姆士‧龐德有什麼關係？從經歷來看，共通點應該就是蘇格蘭吧……

竹鶴政孝出身於釀酒家族，才二十二歲就被攝津酒造長官派至蘇格蘭研究威士忌的祕密。他於 1916 年啟程，周遊蘇格蘭各大蒸餾廠，包括「艾雷島巨人」樂加維林（Lagavulin）。他將所見所聞和想法鉅細靡遺地記錄在手札中，並加上照片與速寫加強印象。大學時就讀應用化學系，讓他能更具體而微地分析威士忌釀造過程中的各種變化，連在當時的蘇格蘭都還無人做到這種地步。這本珍貴的手札至今仍被細心保存著。

竹鶴不僅迷上蘇格蘭的威士忌，也愛上了蘇格蘭的美女。他邂逅了潔西‧蘿貝塔‧柯文（Jessie Roberta Cowan）並結為連理，兩人於 1920 年一同返回日本。然而隨後攝津酒造終

止了蒸餾廠的建設計畫，於是竹鶴在 1923 年轉戰三得利創辦人鳥井信治郎（Shinjiro Torii）麾下，成立了日本第一座威士忌蒸餾廠——山崎（Yamazaki）蒸餾廠。1929 年，三得利推出了第一支調和式威士忌，卻並未如預期那般獲得大眾青睞。

這次經驗並未擊垮竹鶴，反而讓他更積極尋覓與蘇格蘭相近的環境，最後決定在北海道余市（Yoichi）建立蒸餾廠，裝瓶販售日果（Nikka）威士忌（1952 年正式將品牌名稱的漢字更名為「一甲」）。

竹鶴政孝將正統蘇格蘭威士忌的釀造技術引進日本，後人因此尊稱他為日本威士忌之父。

章節索引

威士忌索引

米凱勒：

感謝親愛溫柔的蒂瑪每天照顧醉醺醺的我，感謝總是支持我的爸媽以及他們的私藏美酒，感謝亞尼斯酒精濃厚的笑話，感謝編輯團隊與夏洛特忍受非宿醉時的我，也感謝所有曾經贊助過「ForGeorges」網站的遠親近鄰。感謝所有曾經接受專訪，並慷慨分享威士忌知識的專家：尼可拉・居列、喬納斯・瓦拉、吉姆・貝維西居、紀雍姆・沙尼耶、歐菲莉亞・德華、克利斯多福・葛姆、艾蜜莉、琵諾，還有我沒特別提出名字的各位。

亞尼斯：

感謝我的外公布布，雖然他教我品嚐的是茴香酒，而非威士忌。不過凡事總有個起頭，茴香酒也不錯喝！米凱勒，謝謝你引領我們走入威士忌的世界，體驗前所未有的美麗新發現。

國家圖書館出版品預行編目資料

我的威士忌生活提案 / 米凱勒・奇多（Mickaël Guidot）著；謝珮琪譯 . -- 二版 . -- 臺北市：三采文化 , 2022.10
面；　公分 . --（好日好食：61）
譯自：LE WHISKY C'EST PAS SORCIER
ISBN 978-957-658-932-4(平裝)

1. 威士忌酒 2. 品酒
463.834　　　　　　　　　111014175

suncolor
三采文化集團

好日好食 61

我的威士忌生活提案
【全新增修・完整典藏版】

作者｜米凱勒・奇多（Mickaël Guidot）
繪者｜亞尼斯・瓦盧西克斯（Yannis Varoutsikos）　　翻譯｜謝珮琪
主編｜喬郁珊　　責任編輯｜吳佳錡　　協力編輯｜吳愉萱　　版權負責｜杜曉涵
美術主編｜藍秀婷　　封面設計｜池婉珊　　內頁排版｜陳佩君（優士穎企業有限公司）

發行人｜張輝明　　總編輯長｜曾雅青　　發行所｜三采文化股份有限公司
地址｜台北市內湖區瑞光路 513 巷 33 號 8 樓
傳訊｜TEL:8797-1234　FAX:8797-1688　　網址｜www.suncolor.com.tw
郵政劃撥｜帳號：14319060　戶名：三采文化股份有限公司
本版發行｜2022 年 10 月 28 日（二版）　　定價｜NT$680

LE WHISKY C'EST PAS SORCIER
Copyright © Hachette Livre (Marabout), Paris, 2016
Complex Chinese edition © SUN COLOR CULTURE CO., LTD., 2022
Complex Chinese edition published by arrangement with Marabout (Hachette Livre) through The Grayhawk Agency.
All rights reserved.

著作權所有，本圖文非經同意不得轉載。如發現書頁有裝訂錯誤或污損事情，請寄至本公司調換。
本書所刊載之商品文字或圖片僅為說明輔助之用，非做為商標之使用，原商品商標之智慧財產權為原權利人所有。